教科書ガイド

大日本図書版

理科の世界

完全準拠

中学理科

1年

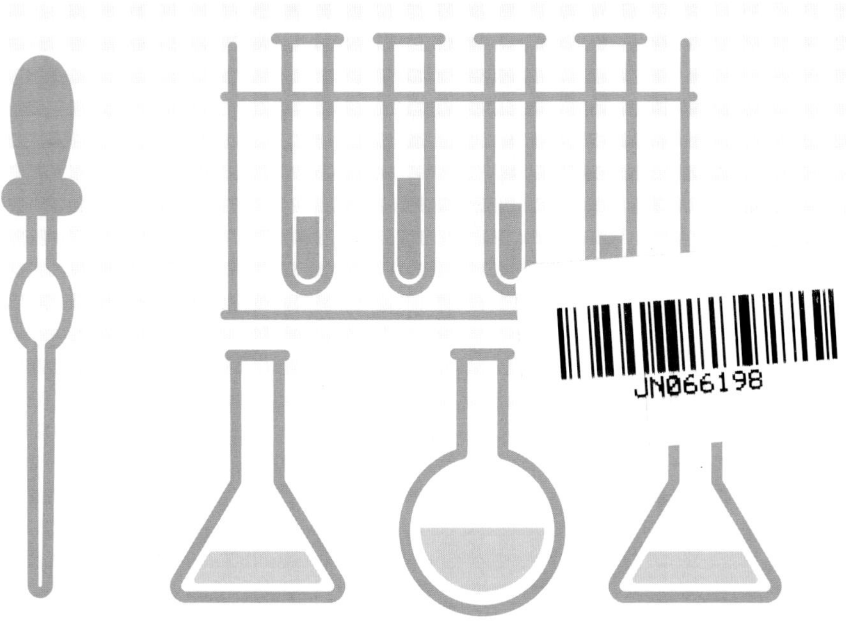

編集発行 文理

この本の使い方

はじめに

この教科書ガイドは，あなたの教科書にぴったりに合わせてつくられた自習書です。

自然科学の研究は，いつも「なぜだろう？」という，そぼくな疑問からはじまります。

教科書では，この「なぜだろう？」を解明する道すじが，いろいろなかたちで解説されています。この本は，教科書の内容にそって，「なぜだろう？」を解決するためのガイドの役目をしてくれます。教科書やこの本を土台にして，自然科学の原理や法則を，自分のものにしてください。

この本の構成

この本には，教科書の構成にしたがって，教科書本文のまとめ，実験・観察の解説，問題の解答と考え方が用意されています。

■**教科書のまとめ**　教科書の内容を，詳しく，わかりやすくまとめてあります。試験対策にも役立ててください。

■**実験・観察などのガイド**　教科書の実験や観察の目的・方法・結果などについて，注意する点や参考などをおりまぜて，ていねいに解説してあります。

■**教科書の問題**　教科書のすべての問題について，解答と考え方をわかりやすくまとめてあります。

すぐに解答を見るのではなく，まずは自分で解いてみてください。それから解答が合っているか確かめるようにしてください。

●**テスト対策問題**　定期テストによく出る問題を扱っています。わからないところは前に戻って確認しましょう。

効果的な使い方

赤フィルターで繰り返す！

①知識を確認する

教科書のまとめ，実験・観察などのガイドを読んで重要語句をおさえる！

②理解を深める

教科書の 演習 や 章末問題 にチャレンジ！問題の考え方を理解しよう。

③学習を定着させる

テスト対策問題や単元末問題を解いて，学習した内容をおさらいしよう！

テスト前

教科書のまとめを確認して，テスト対策問題にとり組もう！

もくじ

もくじ

単元 4
大地の変化

観察　地形や地層，岩石の観察

1章　火山

2章　地震

3章　地層

4章　大地の変動

写真提供：アフロ

単元1 生物の世界

1章 身近な生物の観察

① 校庭や学校周辺の生物　② 生物の分類

テーマ　スケッチ　観察　ルーペ　双眼鏡　双眼実体顕微鏡　レポート　生物の分類　観点　基準

教科書のまとめ

□スケッチ	▶スケッチによる記録は，写真よりも特徴（とくちょう）をはっきりと表すことができる。
□ルーペ	▶花のつくりを詳（くわ）しく見るときなどに使う。小さいので野外観察に持って行くのに便利である。
□双眼鏡（そうがんきょう）	▶近づくと逃（に）げてしまう鳥などは，双眼鏡で観察する。
□双眼実体顕微鏡（そうがんじったいけんびきょう）	▶ものを立体的に観察できる。 **参考** 顕微鏡 より小さいものを観察するときは，顕微鏡を使う。
□レポートの書き方	▶観察や実験などの調査・研究を行った後は，その内容や結果を他の人と共有して，理解を深めることが大切である。 **知識** レポートに書くこと ○観察や実験のテーマ ○実験日，天気，氏名などを書く。 ○目的…観察・実験で調べる目的，理由などを書く。 ○予想や仮説…観察・実験の見通しと結果の予想，考えた根拠（こんきょ）を書く。 ○準備…薬品，試料，器具などを書く。 ○方法…観察・実験の方法を書く。 ○結果…観察・実験で得られた事実を書く。結果と自分の考え（考察）は区別する。 ○考察…目的，予想や仮説に対して結果はどうだったか，また，得られた考え（結論）を書く。予想や仮説とちがった結果になったときは，その理由を自分で考えて書く。
□生物の分類	▶共通しているところとちがっているところを調べ，観点を考えて，生物を分類する。

教科書 p.18

基本操作

スケッチのしかた

・見えるもの全てをかくのではなく，目的とするものだけを対象にしてかく。
・先を細く削(けず)った鉛筆(えんぴつ)を使い，１本の線で輪郭(りんかく)をはっきりと表す。
・影(かげ)をつけない。
・気づいたことをことばでも記録する。

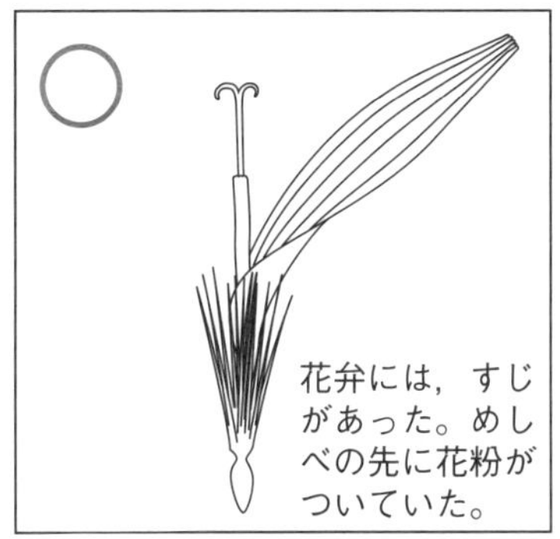

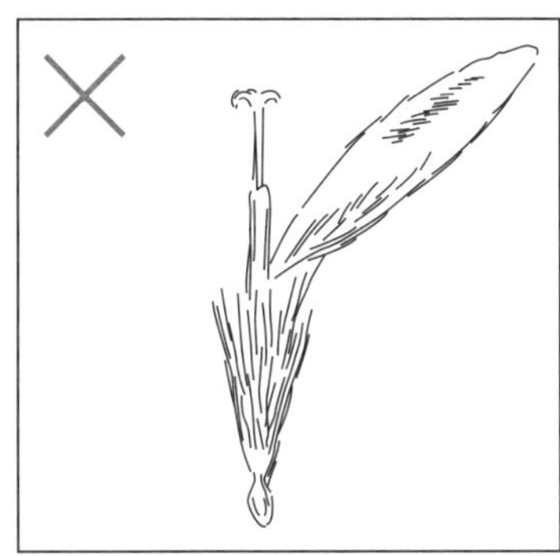

教科書 p.19

基本操作

ルーペの使い方⇨※1

❶　ルーペは目に近づけて持ち，見たいものを前後に動かして，よく見える位置を探す。

❷　見たいものが動かせないときは，ルーペを目に近づけたまま，顔を前後に動かして，よく見える位置を探す。

※1　注意 目をいためるので，ルーペで太陽や強い光を見てはいけない。

教科書 p.19

基本操作

記録のしかた⇨✖1

写真で記録する。

写真を撮ることにより，動いている生物の特徴などを簡単に記録することができる。まわりの風景も含めて写真を撮っておけば，その生物が生息している環境も記録できる。

拡大したようす（トノサマガエルのおたまじゃくし）

継続して観察する。

観察した生物が，その後どうなるか続けて観察する。

似ているもののちがいを観察する。

ハコベとウシハコベの見た目はよく似ている。しかし，花の中央に見えるめしべをルーペで拡大するとちがいがわかる。

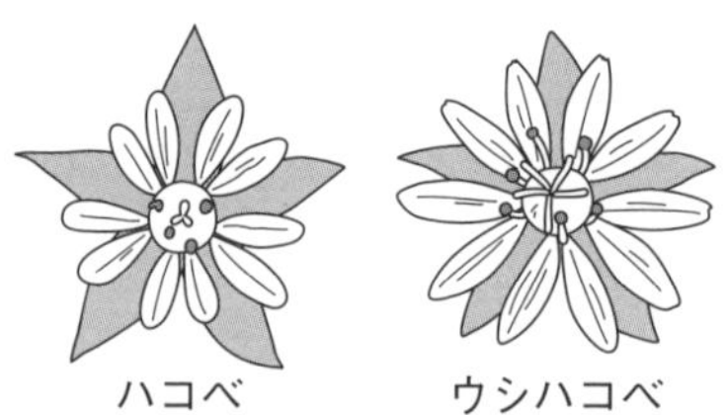

花の断面を観察する。

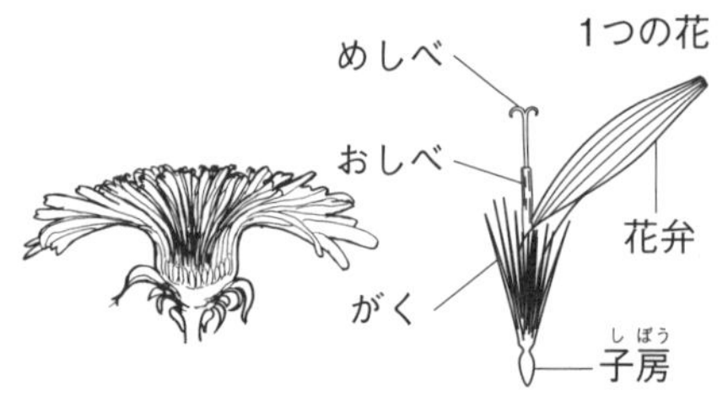

✖1 注意・観察に行くときは，先生の指示に従い，危険な場所には近づかない。
・ハチなど刺したりする生物がいるので注意する。
・観察が終わったら手をよく洗う。

教科書 p.20

基本操作

双眼鏡の使い方⇨✖1

❶ 両目でのぞきながら，左右の視野が1つの円に重なって見えるように，接眼レンズの間隔を調節する。
❷ ピントリングを回して，左目でピントを合わせる。
❸ 視度調節リングを回して，右目でピントを合わせる。

接眼レンズ
視度調節リング
ピントリング

✖1 注意 双眼鏡で太陽を見てはいけない。

教科書 p.20

基本操作

双眼実体顕微鏡の使い方

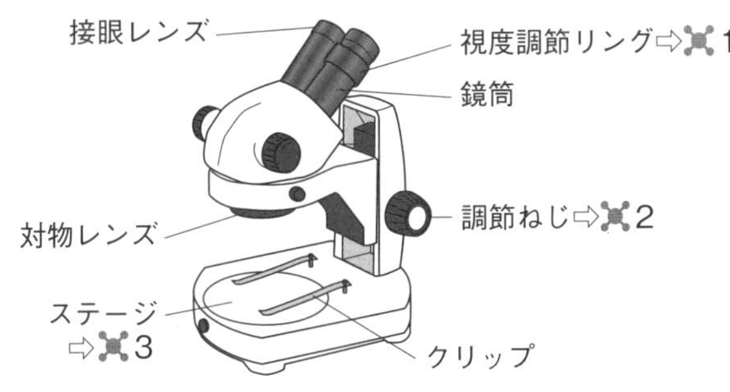

顕微鏡は両手で持ち運び，水平なところに置く。

❶ 鏡筒（きょうとう）の間隔を調節する。
両目でのぞきながら，視野が重なって見えるように鏡筒の間隔を調節する。

❷ 鏡筒を上下させ，ピントを合わせる。
右目でのぞきながら，調節ねじを回して，鏡筒を上下させ，ピントを合わせる。

❸ 視度調節リングで，ピントを調節する。
左目でのぞきながら，視度調節リングを回してピントを合わせる。

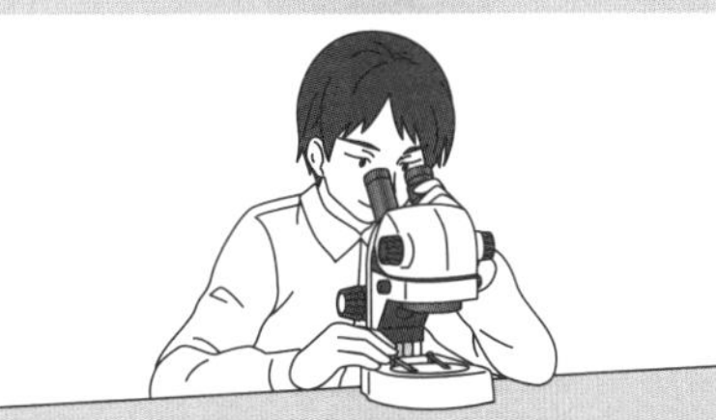

注1 視度調節リングは，種類によっては右側についているものもある。
注2 粗動（そどう）ねじ，微動（びどう）ねじがあるものは，粗動ねじから調節する。
注3 観察するものがはっきり見えるように，ステージの色（白，黒）をかえる。

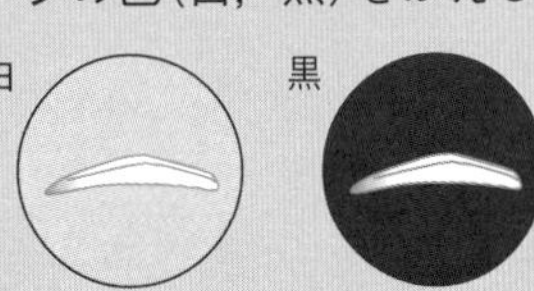

教科書 p.21

観察のガイド

観察1 校庭周辺の生物の観察

❶ 校庭周辺の生物を観察する。

１人３～４種類の生物を観察して，生物のようすと，その生物がいた場所のようすを生物カードに書く。

❷ 観察した生物の特徴を振(ふ)り返る。

❶で作成した生物カードを見ながら考え，校庭周辺の生物にはどのような特徴があるのか，さらに調べたいことを決める。

❸ ❷で決めたテーマに沿って詳(くわ)しく調べる。

調べるテーマに沿って，図鑑やインターネットなどを使って調べ，わかったことをカードに書き加える。⇨1

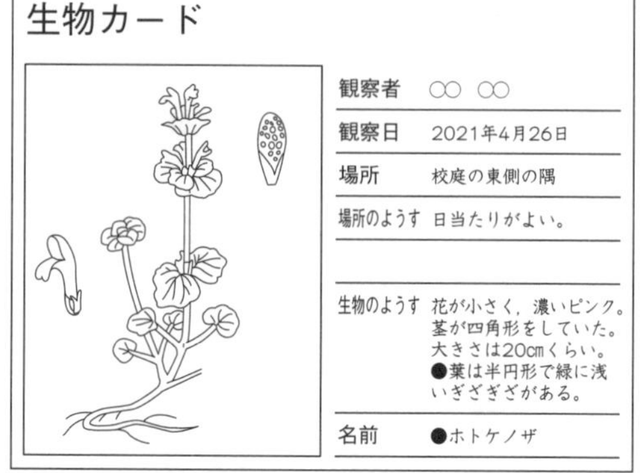

1 コツ 書き加えた内容には印をつけておくと，後からわかりやすい。

観察の結果

レポートを書くときは，ほかの人が読んでわかるように，また，その観察や実験の内容がわかるように，目的，準備，方法，結果，考察などの項目ごとに分けて書く。

校庭の植物の観察

2021年４月26日　天気：晴れ　１年２組　３班　遠藤　理沙子

目的……班で行った学校周辺の生物の観察から，私たちの学校には考えていたよりもさまざまな環境があり，多くの生物がいることがわかった。そこで，生物カードを使って「人がよく立ち入るかどうか」という環境のちがいによって，生息している植物が変わるかを調べることにした。
調査の中で，環境によって植物の高さにちがいがあるのではないかと考え，さらに調べることにした。

準備……学校の地図，生物カード，デジタルカメラ，筆記用具

方法……①生物カードを使い，学校の地図に，植物を観察した場所に印をつけ，人がよく立ち入る場所と，人があまり立ち入らない場所という観点で分けた。
②①から，植物の高さのちがいについて調べるために，表にまとめた。
植物の高さを調べていなかった植物は，もう一度観察を行い，生物カードに高さの記録を追加した。

結果
・人がよく立ち入る場所には，シロツメクサ，セイヨウタンポポ，オオバコ，スズメノカタビラが見られた。
・人があまり立ち入らない場所には，ハルジオン，モウソウチク，セイヨウタンポポが見られた。

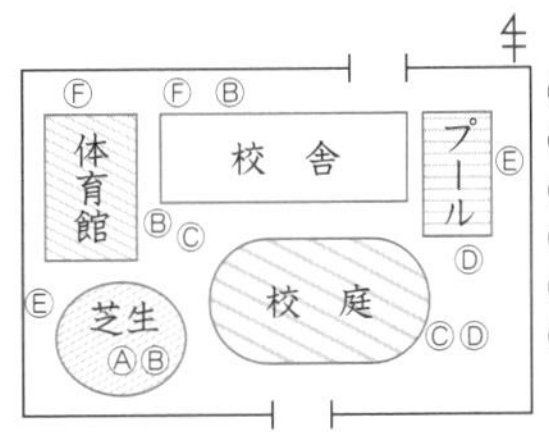

植物の高さ

	人がよく立ち入る場所	人があまり立ち入らない場所
高さ 20cm以上		・ハルジオン ・モウソウチク ・セイヨウタンポポ
高さ 20cm未満	・シロツメクサ ・セイヨウタンポポ ・オオバコ ・スズメノカタビラ	

考察
・人がよく立ち入る場所では，高さの低い植物が多く，人があまり立ち入らない場所では，高さの高い植物が多いと考えられる。
・セイヨウタンポポはどちらの場所でも見られるが，人がよく立ち入る場所では，花は低いところで咲き，人があまり立ち入らない場所では，花は高いところで咲くことが多いと考えられる。

感想……セイヨウタンポポは，人がよく立ち入るか，あまり人が立ち入らないかという環境のちがいによって，高さがちがっていたので，植物は環境によってすがたが変わることがあるのだと思った。

結果から考えよう

校庭周辺の生物には，どのような特徴があるか。

→人がよく立ち入る場所では，高さの低い植物が多く，人があまり立ち入らない場所では，高さの高い植物が多い。
植物にはそれぞれ生育に適した環境があり，それぞれが適した場所で多く生息していると考えられる。

実習のガイド

実習1　生物の分類

❶　生物カードを用意する。
教科書p.21観察1で作成したカードの中から，1人2～3枚ずつカードを用意する。

❷　自分たちで考えた観点で分ける。
班ごとにまとめたカードを，カードに書かれた特徴や，教科書p.14～17の資料，図鑑で調べたことなどから，2つの観点を使って4グループに分ける。

❸　カードを追加して，分ける。
❷の観点を使って，残っているカードや，他の班のカードについて，自分たちで考えた観点で分類できるか試(ため)す。

実習の結果

1班の結果発表
観点①　観察中に動いていたかどうか
観点②　日当たりのよさ
観察中に動いていたものと動かなかったものに分け，さらに，その生物を見つけた場所について「日当たりがよいところ」「日当たりが悪いところ」で分けた。「日当たりがよいところ」「日当たりが悪いところ」どちらにもいる生物もいた。

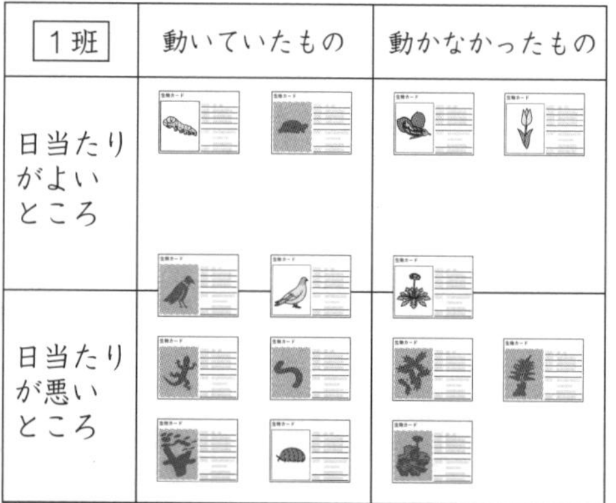

1班	動いていたもの	動かなかったもの
日当たりがよいところ		
日当たりが悪いところ		

2班の結果発表
観点①　生物の大きさ
観点②　生物が生息している環境
「20cm」を基準に分けた。さらに，生息している環境が「陸上」か「水中」かという基準で分けた。

2班	陸上（土の中も）	水中
大きさが20cm以上		
大きさが20cm未満		

結果から考えよう

どのような観点を使うと，さまざまな生物を分類できると考えられるか。

→どの生物とどの生物が同じで，どの生物とはちがうのかを考え，その「ちがい」がわかるものを観点とする。

章末問題

①筆箱の中に入っている文具を2つの観点で4グループに分けて分類してみよう。あなたの考える観点は何か。

また，他の人が考えた観点を使って自分の筆箱の中の文具を分類してみよう。4グループに分類できるだろうか。できなかったとしたら，それはなぜか考えてみよう。

（例）鉛筆　消しゴム　定規　油性の赤ボールペン

解答 ①（例）　かいたものが消せる／消せない

かくもの／かくことができないもの

使うと大きさが変わるもの／変わらないもの

4グループに分類できるとき

	かくもの	かくことができないもの
使うと大きさが変わるもの	鉛筆	消しゴム
使っても大きさが変わらないもの	油性の赤ボールペン	定規

4グループに分類できないとき

	かくもの	かくことができないもの
かいたものが消せる		消しゴム
かいたものが消せない	鉛筆 油性の赤ボールペン	定規

「かくもの」に分類した文具は全て，「かいたものが消せない」という同じ特徴をもっているものだった。ただし，例えば「かいたものが消しゴムで消せる／消せない」という観点で分けると，鉛筆でかいた文字などは消せるので，4グループに分類できる。

テスト対策問題

解答は巻末にあります。

時間30分　/100

1 生物の観察のしかたについて，次の問いに答えよ。　6点×5(30点)

(1) スケッチをするときは，「見えるもの全て」と「目的とするものだけ」，どちらを対象にしてかいたほうがよいか。(　　　　)

(2) スケッチによる記録と写真による記録のうち，特徴がはっきりと表せるのはどちらによる記録か。(　　　　)

(3) ルーペは，目と見たいもののうち，どちらに近づけて持つか。(　　　　)

(4) 見たいものが動かせるとき，ルーペを目に近づけたまま，見たいものと顔のどちらを前後に動かしてよく見える位置を探すか。(　　　　)

(5) 目をいためるので，ルーペで見てはいけないものは何か。(　　　　)

2 双眼実体顕微鏡について，次の問いに答えよ。5点×8(40点)

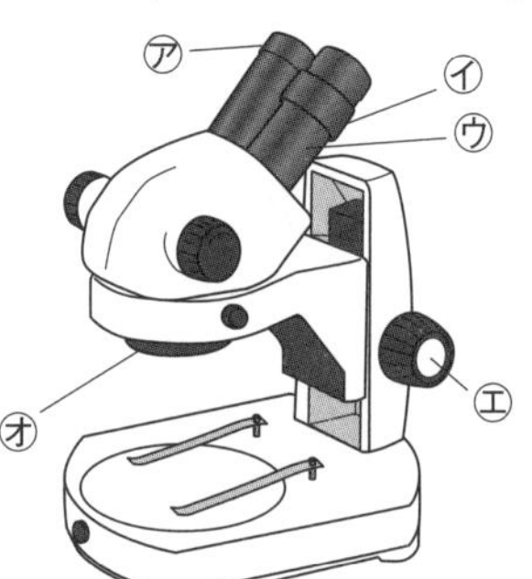

(1) 右の図のア～オの部分をそれぞれ何というか。

ア(　　　　)　イ(　　　　)

ウ(　　　　)　エ(　　　　)

オ(　　　　)

(2) 次のア～ウを，双眼実体顕微鏡の使い方の正しい順になるように並べなさい。(　　→　　→　　)

ア　右目でのぞきながらエを回して，ウを上下させて，ピントを合わせる。

イ　左目でのぞきながらイを回して，ピントを合わせる。

ウ　両目でのぞきながらウの間隔を調節して，視野が重なって見えるようにする。

(3) 双眼実体顕微鏡は，観察したいものをどのように見ることができるか。

(　　　　)

(4) 白っぽいものを観察するとき，ステージの色は，白と黒のどちらにした方がはっきりと見えるか。(　　　　)

3 次の生物を，「その生物が動く・動かない」という観点で分類し，さらにその生き物の生息している環境が陸上か水中かという基準で分類した。図の①～⑤にあてはまる生物の名前をそれぞれ答えよ。　6点×5(30点)

［ クマ　サクラ　サル　メダカ　コンブ　クワガタ　イルカ　シイタケ ］

	動くもの	動かないもの
陸上	クマ ①(　　　) ②(　　　)	サクラ ③(　　　)
水中	メダカ ④(　　　)	⑤(　　　)

単元1 生物の世界

2章 植物のなかま

① 種子をつくる植物

テーマ　花のつくり　受粉と果実　葉や根のつくり　裸子植物と被子植物

教科書のまとめ

□花のつくり

▶花は，植物の種類によって，花弁(花びら)やおしべなどの形や数，色などはちがっているが，外側から，がく，花弁，おしべ，めしべの順になっている。

① めしべ…めしべの花柱の先を柱頭，めしべの根元の膨らんだ部分を子房という。

② おしべ…おしべの先の小さな袋をやくといい，その中には花粉が入っている。

□離弁花と合弁花

▶植物の種類によって，花弁のつくりがちがう。

① 離弁花…花弁が互いに離れている花。

② 合弁花…花弁がくっついている花。

□受粉と果実

▶めしべの子房の中には胚珠がある。受粉すると，やがてめしべの子房が果実になり，胚珠が種子になる。

① 受粉…めしべの柱頭におしべの花粉がつくこと。

② 種子植物…種子によってなかまをふやす植物。

知識 花粉の運ばれ方

虫によって花粉が運ばれる植物の花を虫媒花，風によって運ばれる植物の花を風媒花という。

□葉や根のつくり

▶植物の種類によって，葉脈や根の形，子葉の数がちがう。

① 葉脈…葉に見られるすじのようなつくり。網目状の葉脈を網状脈といい，平行になっている葉脈を平行脈という。

② 根のつくり…太い主根があり，そこから細い側根が出る植物と，細い根がたくさんあるひげ根をもつ植物がある。

③ 根毛…根の先端近くに生えている，細い毛のようなもの。土の隙間に広がることができる。

④ 双子葉類…子葉が2枚の植物。葉脈は網状脈，根は主根と側根をもつものが多い。

⑤ 単子葉類…子葉が1枚の植物。葉脈は平行脈，根はひげ根をもつものが多い。

□被子植物と裸子植物

▶種子植物は，胚珠のようすによって2つに分類できる。

① マツ…マツには雄花と雌花があり，雄花のりん片についている花粉のうの中には花粉が入っている。雌花には子房がなく，りん片に胚珠がむき出しでついている。胚珠に直接，花粉がついて受粉することで，むき出しのまま種子ができる。子房がないため，果実はできない。

知識
マツの花粉は，風によって運ばれる。

② 被子植物…アブラナやサクラなどのように，胚珠が子房の中にある植物。

③ 裸子植物…マツやイチョウなどのように，胚珠がむき出しになっている植物。

教科書 p.27

実習のガイド

実習2 花のつくり

❶ 花を分解して，つくりを観察する。
花の外側から順に外して，セロハンテープに貼りつけてから台紙に貼る。

⇨1，2

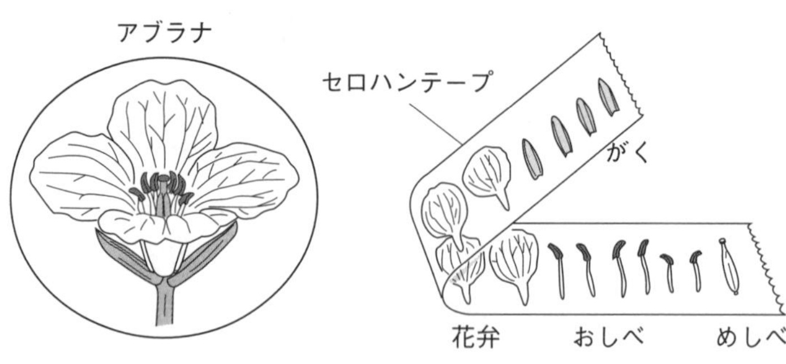

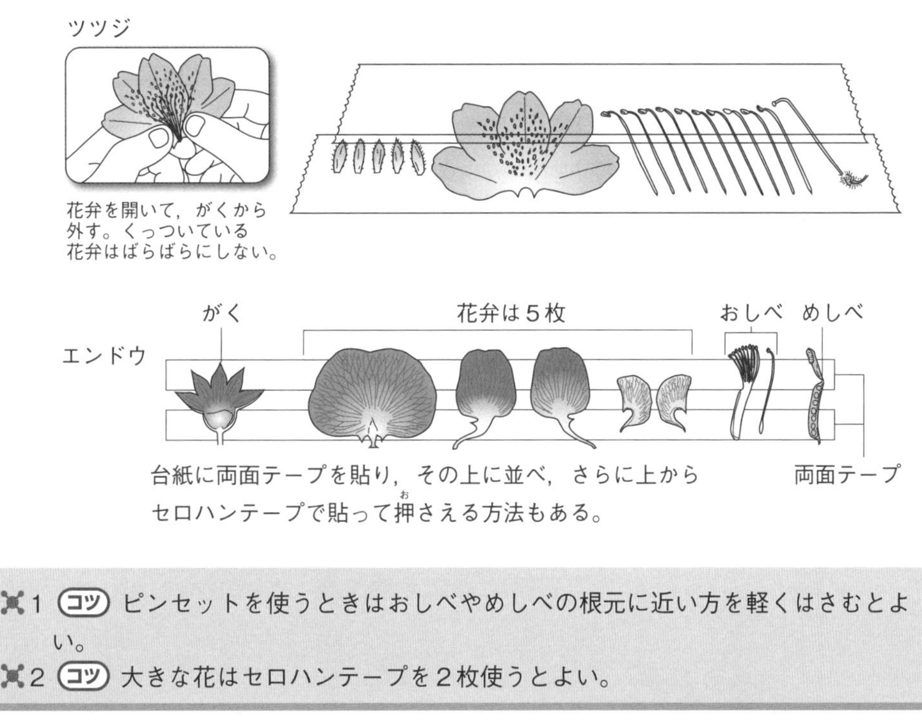

1 コツ ピンセットを使うときはおしべやめしべの根元に近い方を軽くはさむとよい。

2 コツ 大きな花はセロハンテープを2枚使うとよい。

実習の結果

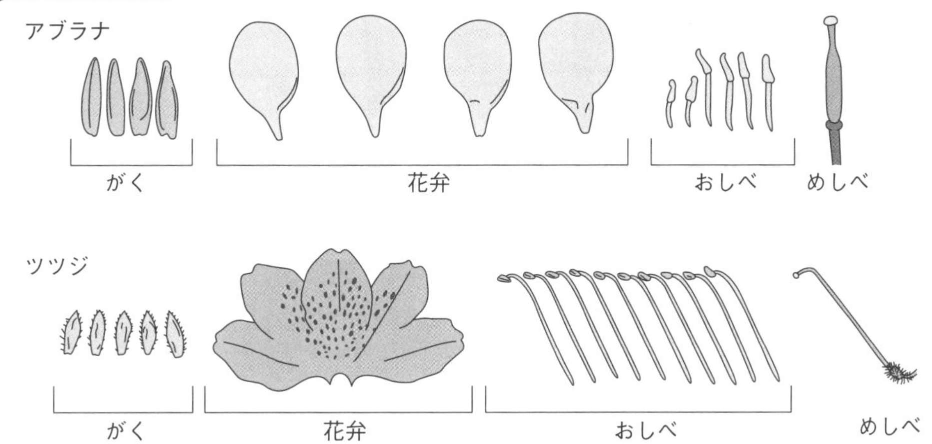

結果から考えよう

①花のつくりには，植物の種類によってどのような相違点があると考えられるか。

→花弁の形や色，おしべなどの形や数などがちがっている。

②花のつくりには，植物の種類によってどのような共通点があると考えられるか。

→外側から，がく，花弁，おしべ，めしべの順になっている。

教科書 p.29

観察のガイド

観察2 果実のつくり

❶ 花と果実の断面を観察する。

アブラナやエンドウ，サクラなどの花と果実をそれぞれ縦に切って，断面をルーペで観察する。⇨✖1

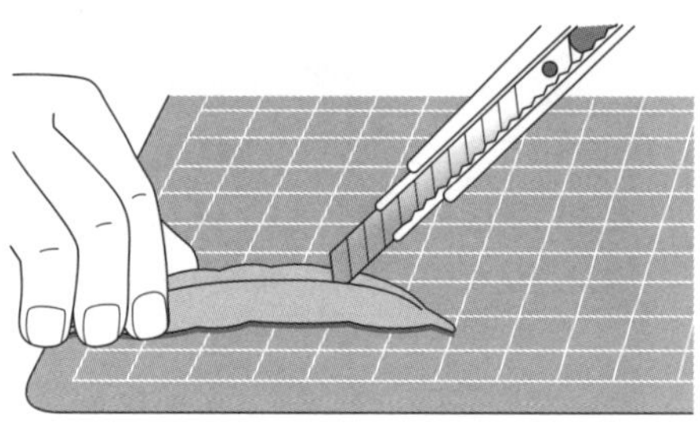

アブラナ

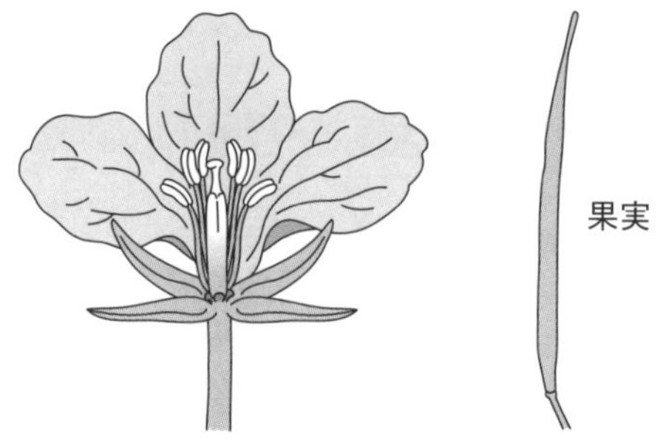

エンドウ

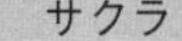

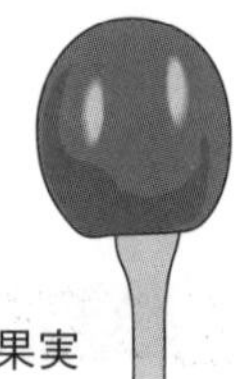

✖1 注意 カッターナイフでけがをしないように注意する。

観察の結果

アブラナ

胚珠 子房 種子 果実

エンドウ

種子

サクラ

種子

❶ めしべを切って断面を観察すると，小さな粒が見られた。
果実を切った断面に，小さな種子が見られた。

結果から考えよう

花のどの部分が果実や種子になったと考えられるか。

→めしべの子房が果実になり，子房の中の胚珠が種子になった。

Science Press

種子の運ばれ方

種子も花粉のようにさまざまな方法で他の場所へ運ばれていく。移動できない植物も，種子によって生活場所を広げることができる。

観察のガイド

観察3 植物の葉や根のつくり

❶ 葉のつくりを観察する。⇨✖1

葉の形や表面などのようすを観察する。

❷ 根のつくりを観察する。

❶と同じ種類の植物で，根の形やつき方を観察する。

❸ ハツカダイコンを発芽させて，根を観察する。

ペトリ皿にろ紙を敷き，水で湿らせて，ハツカダイコンの種子をまいてふたをする。発芽して出てきた根が1 cmくらいのびたところで観察する。

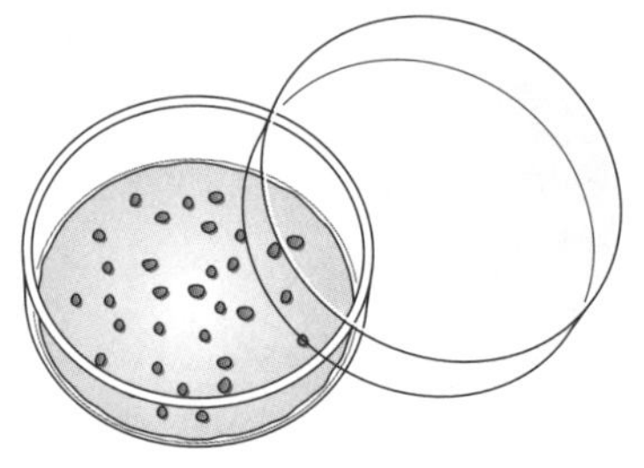

乾燥しないようにふたをする。

✖1 観察するときは，スケッチしたり，写真を撮ったりして記録する。

観察の結果

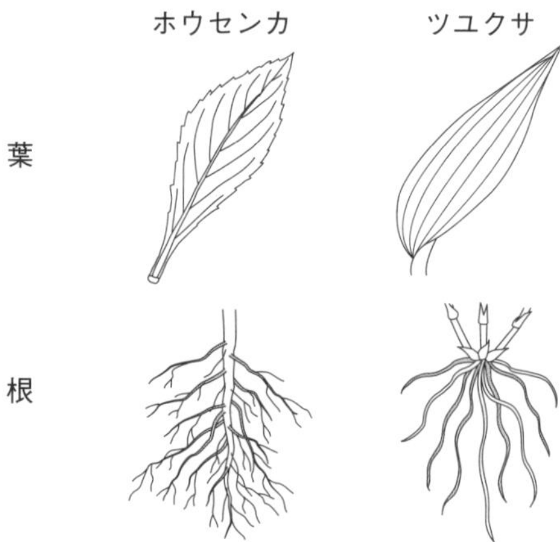

❶ 葉は緑色で表と裏があり，どの葉にもすじのような模様があった。葉のすじは,ホウセンカは網の目のようになっていて,ツユクサは平行に並んでいた。

❷ 根は，ホウセンカは中心に太い根があり，そこから細い根が出ていた。ツユクサは細い根がたくさん出ていた。

❸ ハツカダイコンの根の先端近くには，細い毛のようなものがたくさん出ていた。

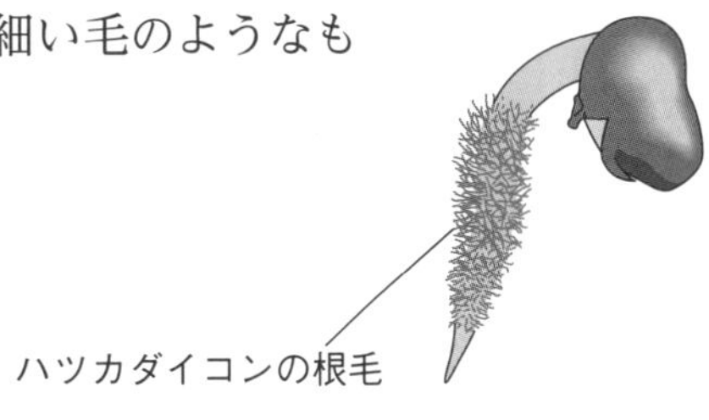
ハツカダイコンの根毛

結果から考えよう

①植物の葉や根には，どのような共通点と相違点があるだろうか。

→共通点…葉には表と裏があり，緑色をしていて，すじがある。根は，白色で，細長いひも状である。根の先端付近には，細い毛のようなものがたくさんついている。

相違点…葉のすじは，網の目のようになっているものと平行に並んでいるものがある。根は，中心に太い根があり，そこから細い根が出ているものと，たくさんの細い根のものがある。

②芽生えのときの子葉の数と，葉や根のつくりには，どのような関係があるだろうか。

→子葉が2枚の葉の植物は，葉脈が網目状で，根は中心に太い根をもち，そこから細い根が出る。子葉が1枚の葉の植物は，葉脈が平行で，たくさんの細い根をもつ。

	双子葉類	単子葉類
子葉	2枚	1枚
葉	網状脈	平行脈
根	主根と側根	ひげ根

教科書 p.36

やってみよう

マツの花のつくりを調べてみよう

❶ マツの雌花と雄花から，りん片(ぺん)をはぎとり，ルーペ，または双眼実体顕微鏡で観察する。

❷ まつかさのつくりを調べ，種子を観察する。

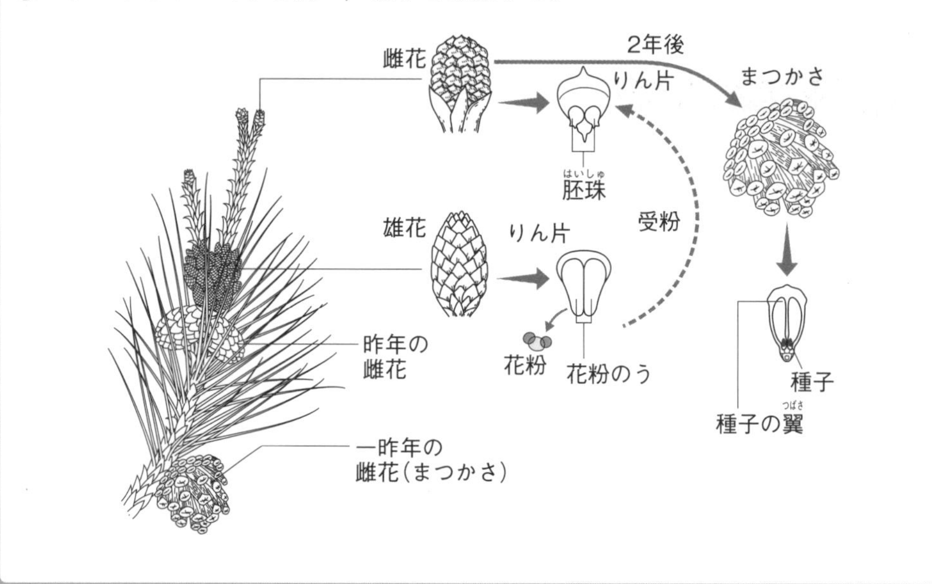

やってみようのまとめ

雌花と雄花のりん片は，上の図のようになっている。マツの花には花弁やがくがない。雌花には子房がなく，胚珠がりん片にむき出しでついている。雄花のりん片には花粉のうという袋があり，中に花粉が入っている。花粉には，下の図のように，空気袋があって風で飛びやすくなっていることから，マツは風媒花であることがわかる。マツの種子には翼がついていて，風で飛びやすくなっている。

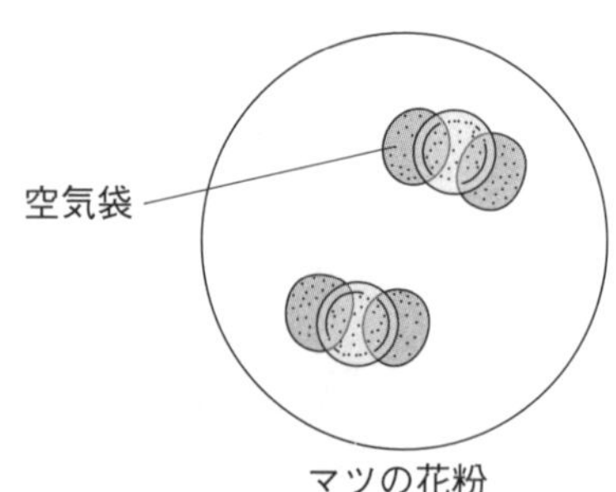

❷ 種子をつくらない植物

テーマ　シダ植物　コケ植物　胞子のう　胞子

教科書のまとめ

□種子をつくらない植物	▶ワラビやスギナのようなシダ植物や，ゼニゴケやスギゴケのようなコケ植物は，種子ではなく，胞子(ほうし)でふえる。 ▶胞子のうが熟すと，胞子は胞子のうから周囲にまかれ，湿(しめ)り気(け)のあるところに落ちると発芽する。 ▶胞子の大きさは，一般的な種子に比べて非常に小さい。
□シダ植物	▶根・茎(くき)・葉の区別がある。 ▶胞子の入った胞子のうの集まりをつける。 ▶シダ植物の茎は地中(地下茎(ちかけい))や地表にあることが多い。 **参考** シダ植物のなかま 茎が地上でのび，10mにもなるシダ植物もある。
□コケ植物	▶ゼニゴケやスギゴケは雄株(おかぶ)・雌株(めかぶ)に分かれていて，胞子のうは雌株につくられる。胞子のうの中には胞子がある。 ▶根のように見えるものは仮根(かこん)という。

教科書 p.38

やってみよう

胞子のうを観察してみよう

❶　シダ植物(またはコケ植物)の胞子のうの集まりを柄(え)つき針でとり，スライドガラスにのせる。

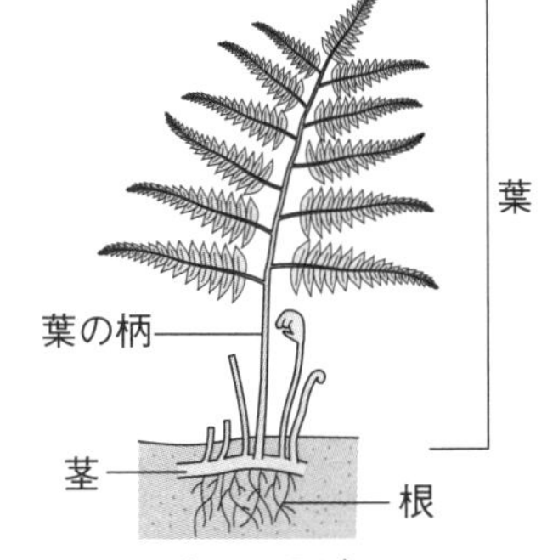

❷　顕微鏡で胞子のうや胞子を観察する。

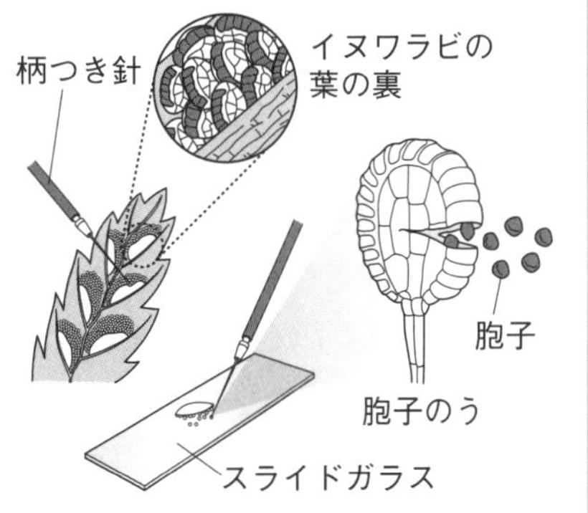

やってみようのまとめ

シダ植物…根・茎・葉の区別がある。イヌワラビでは，葉の裏にある胞子のうの中には胞子が入っている。

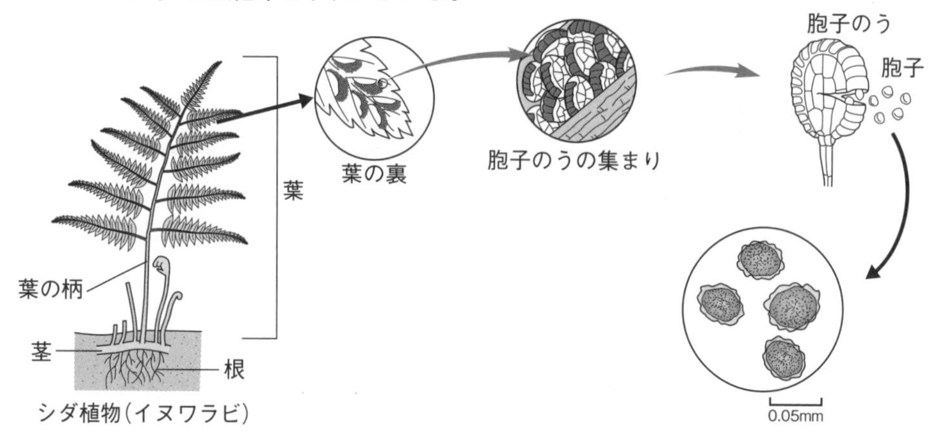

シダ植物（イヌワラビ）

コケ植物…根のようなもの（仮根）があり，体を固定するはたらきがある。シダ植物とはちがって，根・茎・葉の区別はない。胞子のうの中には胞子が入っている。

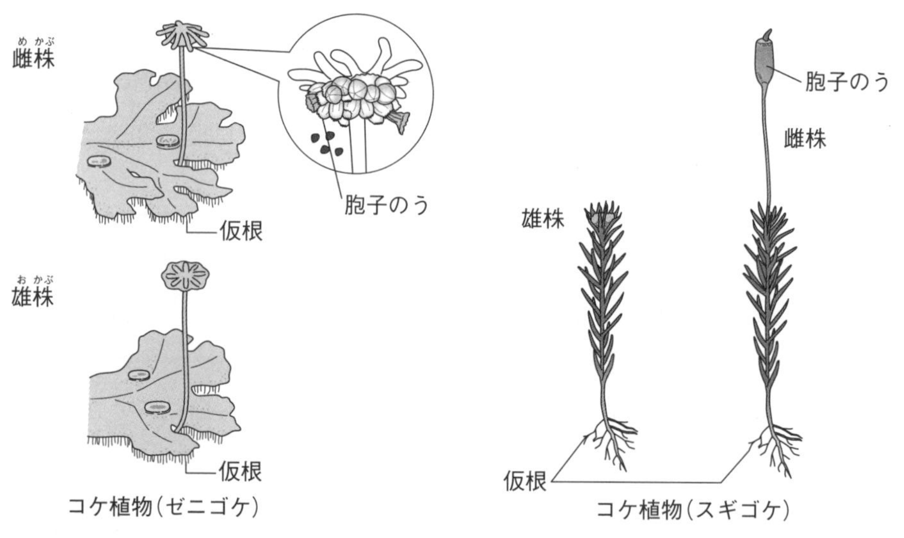

コケ植物（ゼニゴケ）　コケ植物（スギゴケ）

Science Press

種子と胞子のちがい

胞子は，種子とちがって，顕微鏡で見なければわからないほど小さい。そのため，タンポポの綿毛のようなものをもたなくても，風に乗って遠くまで運ばれる。種子でも，植物の種類によってはとても小さく，風に運ばれるものもある。

❸ 植物の分類

植物の分類

教科書のまとめ

□植物の分類　▶植物は，いろいろな特徴によって分類できる。
植物は，種子をつくる種子植物と，種子をつくらず，胞子でふえるシダ植物やコケ植物に分類できる。
種子植物は，被子植物と裸子植物に分類できる。
被子植物はさらに，単子葉類と双子葉類に分類できる。

教科書 p.41

やってみよう

植物を分類してみよう

これまで学習してきた植物の特徴を思い出しながら，植物を分類して，図に表してみよう。

❶　これまでに出てきた植物を双子葉類と単子葉類に分類する。また，どちらにも入らない植物があるかどうかを考える。

❷　「マツやイチョウのなかま」を分類するためには，どのような観点で分ける必要があるのか考え，図に書く。

単子葉類
双子葉類
マツや
イチョウ

❸　同じように,「シダ植物やコケ植物」を分類するためには，どのような観点で分ける必要があるか考え，図に書く。

❹　完成した図の中で，線が分かれているところでは，どのような観点で分けたのか，図に書く。

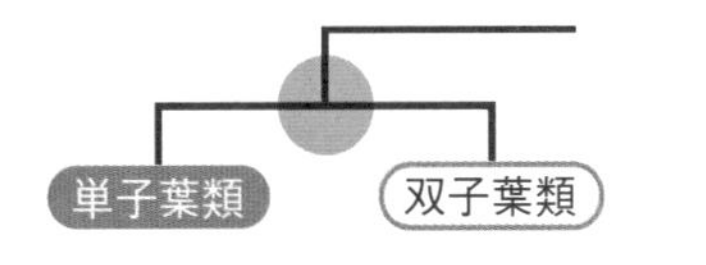

やってみようのまとめ

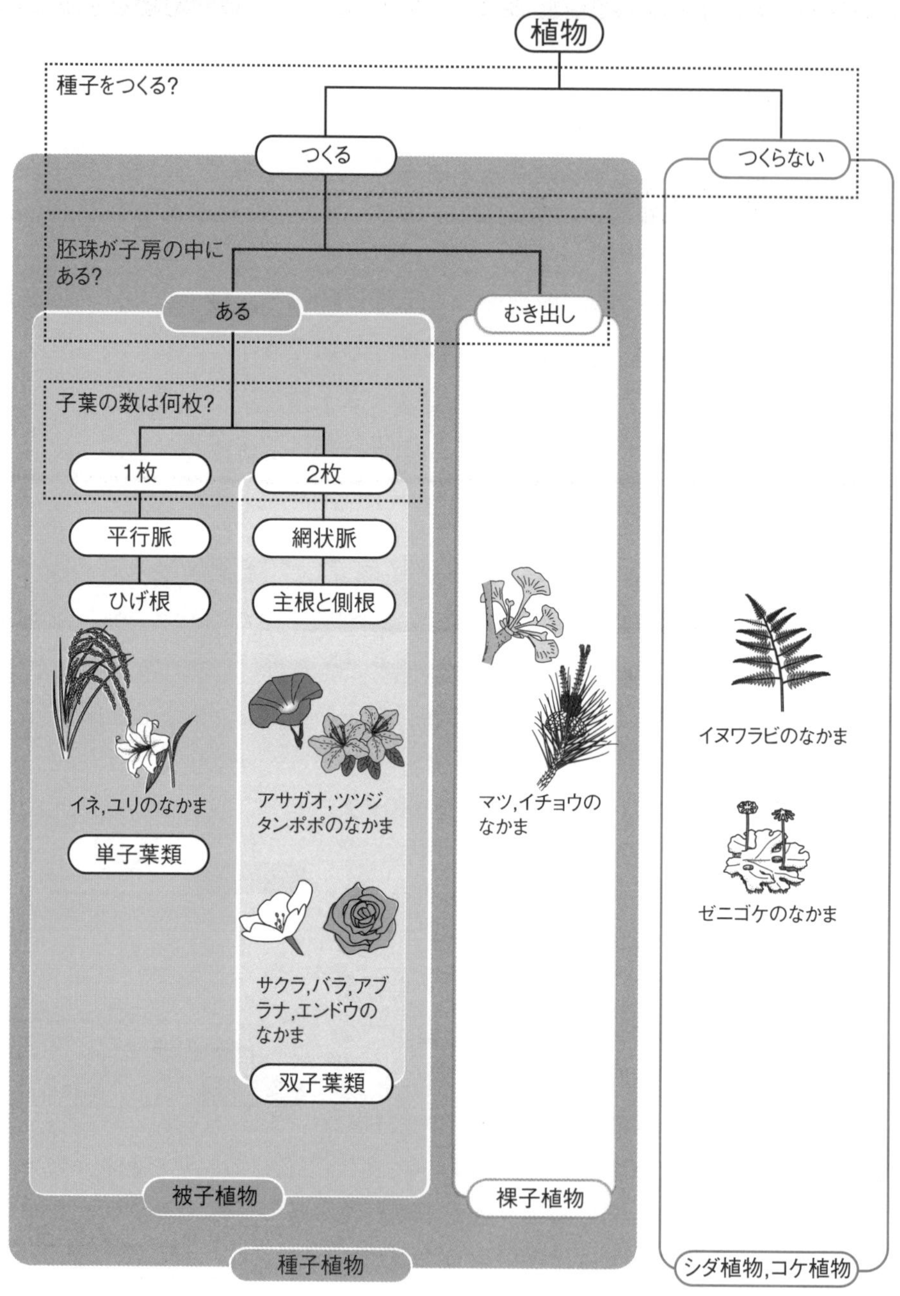

分類の観点は，ある植物とそのなかまに共通するものを選ぶ。はじめに植物を大きく分ける観点を比べて，その後，細かいちがいを比べていくと分類がしやすい。

上の図では，最初に「なかまのふやし方」という観点で大きく分類し，そこからさらに体のつくりを観点に細かく分類している。

話し合おう

p.26の やってみようのまとめ を使って，次のカードにある植物がどのなかまか分類してみよう。また，なぜそのように分類できると考えたか，理由を説明しよう。

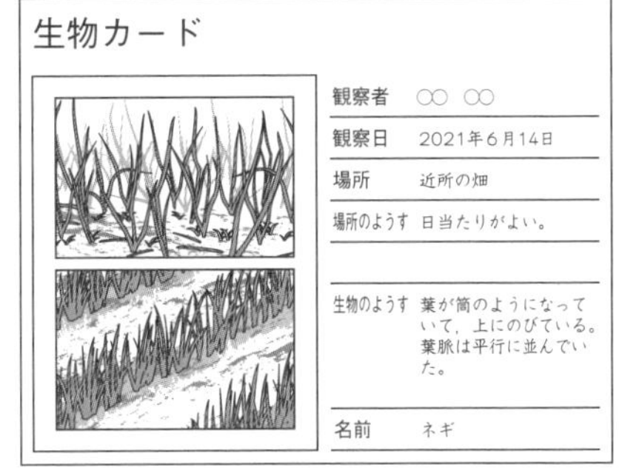

話し合おうのまとめ

●アジサイ　なかま：種子植物－被子植物－双子葉類
理　由：葉脈が網状脈だから。

●ネギ　なかま：種子植物－被子植物－単子葉類
理　由：葉脈が平行脈だから。

●ホウセンカ　なかま：種子植物－被子植物－双子葉類
理　由：種子ができていて，葉脈が網状脈だから。

章末問題

①花のつくりを説明しなさい。
②花が咲き，種子をつくる植物のなかまを何というか。
③被子植物の種子はどのようにしてできるか。
④双子葉類と単子葉類の特徴をそれぞれ説明しなさい。
⑤被子植物と裸子植物について，花のつくりのちがいを説明しなさい。
⑥シダ植物やコケ植物のような，種子をつくらない植物は，何でふえるか。

①外側から，がく，花弁，おしべ，めしべの順になっている。
②種子植物
③めしべの柱頭におしべの花粉がついて受粉して，めしべの子房が果実になり，子房の中の胚珠が種子になる。
④双子葉類…子葉が２枚，葉脈は網状脈，根が主根と側根からなる。
単子葉類…子葉が１枚，葉脈は平行脈，根がひげ根。
⑤被子植物は胚珠が子房の中にあり，裸子植物は胚珠がむき出しである。
⑥胞子

①植物によって，花弁の形や数，がくのようすなどはちがっているが，外側から，がく，花弁，おしべ，めしべの順になっているのは同じである。
③種子ができるためには，受粉が必要である。
④被子植物は，双子葉類と単子葉類に分類できる。それぞれの特徴を覚えておこう。
⑤被子植物と裸子植物では，胚珠のようすがちがっている。
⑥シダ植物やコケ植物には胞子の入った胞子のうがあり，胞子のうが熟すと，胞子は周囲にまかれる。胞子が湿り気のある場所に落ちると，発芽する。胞子は，一般的な種子よりも非常に小さい。

テスト対策問題

解答は巻末にあります。

時間30分 /100

1 右の図1はアブラナ，図2はマツの花を模式的に示したものである。次の問いに答えよ。 5点×14(70点)

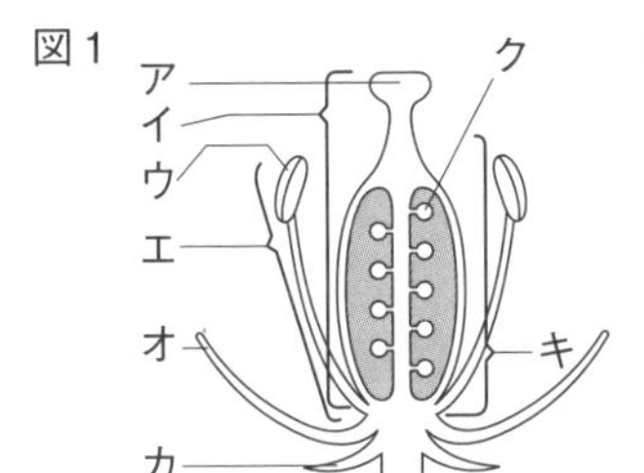

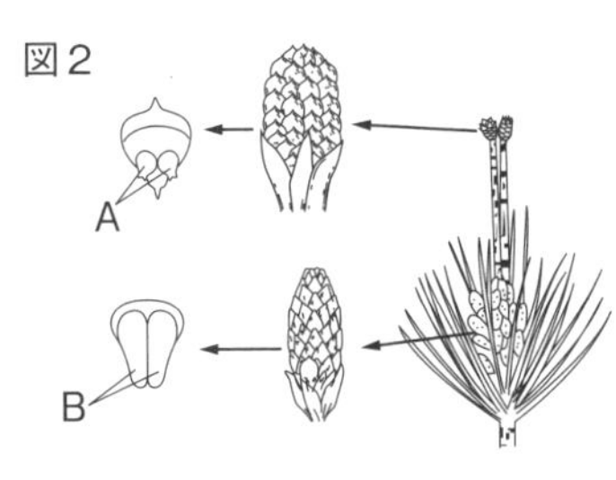

(1) 図1のア～クの部分の名称を答えよ。

ア(　　　) イ(　　　) ウ(　　　) エ(　　　)
オ(　　　) カ(　　　) キ(　　　) ク(　　　)

(2) 図1のキは成長するとやがて何になるか。 (　　　)

(3) 図1のクは成長するとやがて何になるか。 (　　　)

(4) 図1のウ，クは，図2のA，Bのどれと同じ役割をするか。

ウ(　　) ク(　　)

(5) 図1，図2の花のようなつくりをもつ植物のなかまは，それぞれ何とよばれているか。 図1(　　　) 図2(　　　)

2 下の図は，いろいろな植物を，植物の特徴によって分類したものである。あとの問いに答えよ。 6点×5(30点)

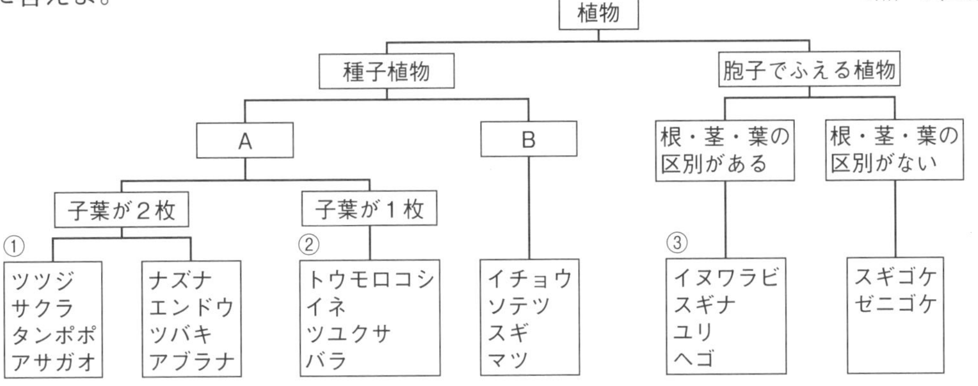

(1) 図のAとBにあてはまる分類の手がかりとなるものを，次のア～エからそれぞれ選べ。 A(　　　) B(　　　)

ア　網目状の葉脈である。　　イ　平行な葉脈である。

ウ　胚珠が子房の中にある。　　エ　胚珠がむき出しである。

(2) 図の①～③には1つずつ植物のなかまとしてちがうものが入っている。その植物の名称をそれぞれ書け。①(　　　) ②(　　　) ③(　　　)

単元1　生物の世界

3章　動物のなかま

① 動物の体のつくり

テーマ　脊椎動物　　無脊椎動物

教科書のまとめ

□脊椎動物（せきついどうぶつ）	▶背骨がある動物。
□無脊椎動物（むせきついどうぶつ）	▶背骨がない動物。

教科書p.45　やってみよう

イワシとエビの体のつくりを調べよう

❶　イワシやエビの体がどのような部分からできているのか，全体を観察する。

❷　イワシとエビの体を解剖（かいぼう）ばさみで切って，骨や筋肉はどのようなところにあるかなど，体の中のつくりを調べる。⇨✖1

❸　ヒトの体を参考にしながら，イワシとエビの体のつくりの共通点と相違点を整理する。

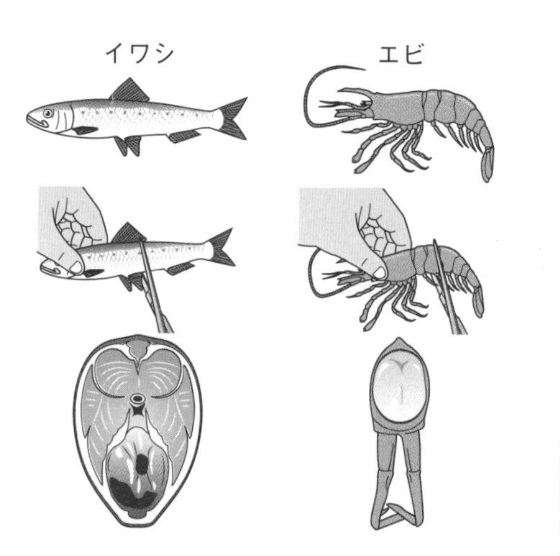

✖1　注意 解剖ばさみで手などを傷つけないように十分注意する。

やってみようのまとめ

イワシには体の内側に，ヒトと同じように体を支えるための背骨があるが，エビには背骨がない。背骨がある動物を脊椎動物，背骨がない動物を無脊椎動物という。教科書p.44の図１の動物は，体の表面のようすや動き方などにそれぞれ特徴があるが，背骨があるかないかで大きく分けることができる。

2 脊椎動物

テーマ 魚類　両生類　は虫類　鳥類　哺乳類　卵生　胎生

教科書のまとめ

□脊椎動物の分類	▶脊椎動物は，魚類，両生類，は虫類，鳥類，哺乳類に分けられる。 ▶脊椎動物は，次の観点で分類できる。 ●運動のしかた…魚類はひれを使って泳ぐ。両生類は前後のあしで泳いだり陸上を移動したりする。は虫類や哺乳類の多くはあしで移動する。鳥類は，前あしが変化した翼で空中を飛ぶことができるものがいる。 ●呼吸のしかた…は虫類，鳥類，哺乳類は肺，魚類はえらで呼吸する。両生類の子のときはえらと皮ふ，成長すると肺と皮ふで呼吸する。 ●体の表面のようす…魚類の体はうろこで覆われている。両生類の体の皮ふは湿っていて，うろこはなく，乾燥に弱い。は虫類の体はかたいうろこで覆われていて，乾燥に強い。鳥類の体は羽毛，哺乳類の体は，ふつうやわらかい毛で覆われている。 ●子の生まれ方…魚類，両生類，は虫類，鳥類は卵を産む。このように，雌が体外に卵を産み，その卵から子がかえることを卵生という。哺乳類は雌の体内で受精後に卵が育ち，子としての体ができてから生まれる。これを胎生という。 ●卵が育つ場所…魚類と両生類は水中，は虫類と鳥類は陸上。 ●子の育ち方…魚類や両生類，は虫類は，ふつう親は卵や子の世話をしない。鳥類は，親は卵をあたため，卵からかえった子は親から食物を与えられて育つ。哺乳類は生まれてしばらく雌の親が出す乳を飲んで育つ。
□哺乳類の体のつくりと食物	▶草食動物と肉食動物では，体のつくりがちがっている。 ●目のつき方…草食動物は側方に，肉食動物は前方を向いている。 ●歯の形…草食動物は門歯と臼歯，肉食動物は犬歯と臼歯が発達している。

教科書 p.49

Science Press 発展

体温を保つ

鳥類と哺乳類の体には，外界の温度が大きく変化しても，体温を一定に保つしくみがある。外界の温度が変わっても，体温が一定に保たれる動物を恒温動物という。

魚類，両生類，は虫類の体には，体温を一定に保つしくみがないため，外界の温度が変わるとともに，体温も変わる。このような動物を変温動物という。変温動物は，外界の温度が下がったときは日光浴をするなど，外部から得られる熱で，できるだけ体温を保とうとする。

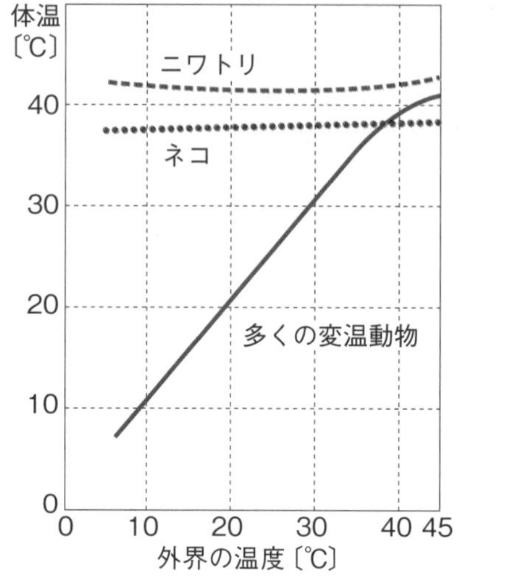

外界の温度と体温

教科書 p.51

やってみよう

脊椎動物の特徴をまとめてみよう

教科書p.48～p.51で学習した脊椎動物の特徴を表にまとめる。

	魚類	両生類	は虫類	鳥類	哺乳類
運動のしかた	ひれを使って泳ぐ。				
呼吸のしかた	えらで呼吸をする。				
体の表面のようす	うろこで覆われている。				

やってみようのまとめ

動物によって体のつくりや生活している場所，子の生まれ方や育ち方がちがい，脊椎動物は大きく５つのグループに分けられる。

	魚類	両生類	は虫類	鳥類	哺乳類
運動のしかた	ひれを使って泳ぐ。 	前後のあしを使って水中を泳いだり，陸上を移動したりする。 	体を使ってはったり，あしを使ったりして移動する。 	前あしから変化した翼で飛ぶものもいる。 	あしを使って移動する。 
呼吸のしかた	えらで呼吸をする。	子はえらと皮ふで呼吸し，成長すると肺と皮ふで呼吸する。	肺で呼吸する。	肺で呼吸する。	肺で呼吸する。
体の表面のようす	うろこで覆われている。 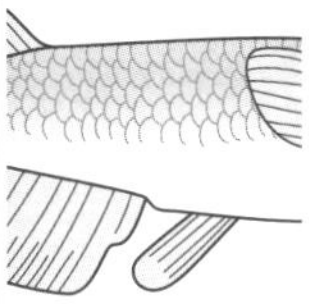	皮ふは湿っている。乾燥に弱い。 	うろこで覆われている。乾燥に強い。 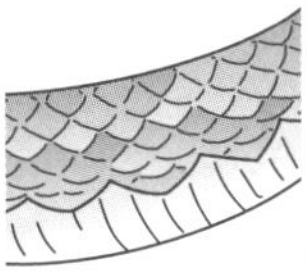	羽毛で覆われている。 	やわらかい毛で覆われている。 
子の生まれ方	卵生 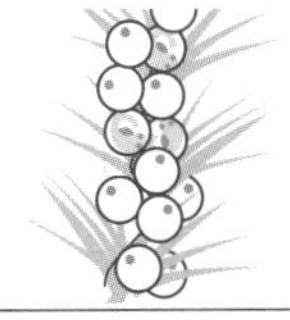	卵生 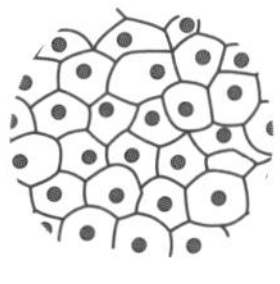	卵生 	卵生 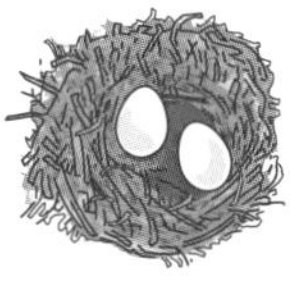	胎生 
子の育ち方	生まれた子は水中に泳ぎ出し，自分で食物をとる。 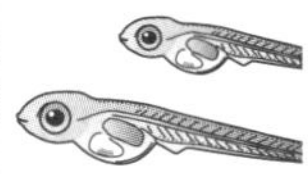	生まれた子は水中に泳ぎ出し，自分で食物をとる。その後，陸上に出る。 	親の世話がなくても卵から子がかえるものが多い。 	しばらくの間，親から食物を与(あた)えられるものが多い。 	しばらくの間，雌の親が出す乳で育てられる。 

やってみよう

哺乳類の体のつくりを比較してみよう

❶ 図鑑(ずかん)や骨格標本などを見て，いろいろな哺乳類の歯のつき方や形，目のつき方やあし，爪(つめ)などの体のつくりを比較(ひかく)する。

❷ ❶で調べた動物が何を食物としているか図鑑やインターネットなどで調べて，食物と体のつくりにはどのような関連があるのか考える。

3Dプリンタで作成した複製(実物の1/2の大きさ)で歯のつき方などを比較しているところ⇨※1

※1　3Dプリンタとは，立体的に物体を複製・製作できる装置。

やってみようのまとめ

肉食動物

（ライオン）

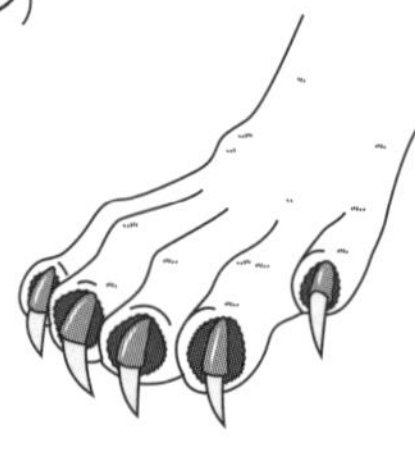

鋭い爪で獲物をとらえる。

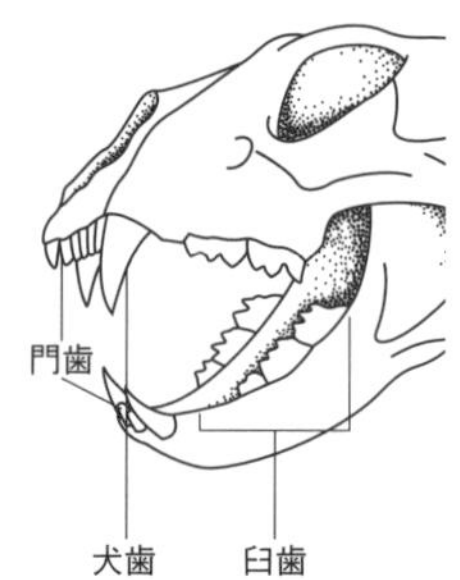

発達した犬歯ととがった臼歯で，獲物をとらえて肉を食いちぎったり，骨をかみ砕(くだ)いたりする。

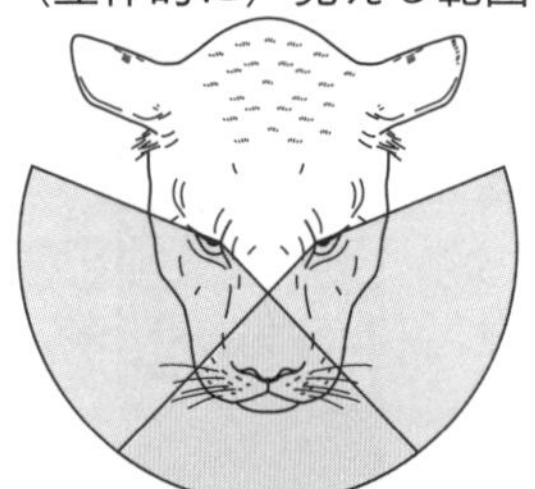

前方の広い範囲が立体的に見える。

草食動物

（シマウマ）

かたいひづめで速く，長距離を走ることができる。

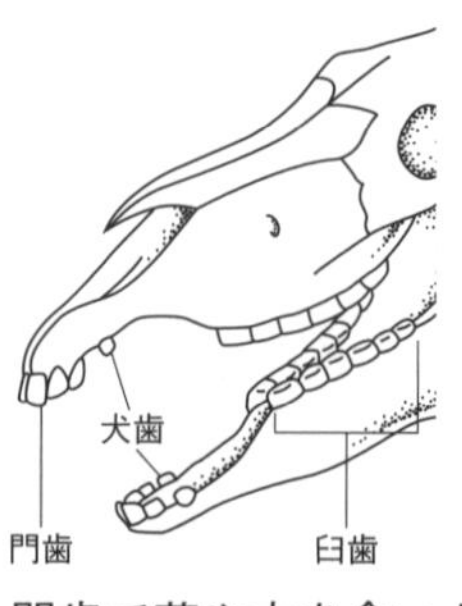

門歯で草や木を食いちぎり，臼歯で細かくすりつぶす。

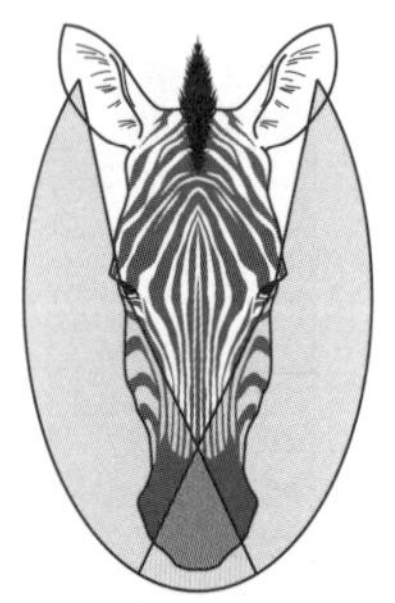

後方まで見ることができる。

 無脊椎動物

テーマ　無脊椎動物　節足動物　甲殻類　昆虫類　軟体動物

教科書のまとめ

□無脊椎動物	▶背骨がない動物。節足動物や軟体動物の他，多くの種類の動物が含まれる。
□節足動物（せっそくどうぶつ）	▶外骨格をもち，体が多くの節（ふし）からできていて，あしにも節がある動物。外骨格は大きくならないので，脱皮して，古い外骨格を脱ぐことで成長する。 例バッタやザリガニ，カニ，クモなど
□外骨格（がいこっかく）	▶体の外側のかたい殻（から）。体を支えて，内部を保護している。
□甲殻類（こうかくるい）	▶節足動物のうち，エビやカニなど。
□昆虫類（こんちゅうるい）	▶節足動物のうち，バッタやチョウなど。体が頭部・胸部・腹部の３つに分かれ，あしが胸部に３対（６本）ある。胸部や腹部にある気門からとり入れた空気で呼吸する。 **知識** 甲殻類，昆虫類以外の節足動物には，クモ類，ムカデ類，ヤスデ類などがある。
□軟体動物（なんたいどうぶつ）	▶内臓を包みこむ外とう膜と，節のないやわらかいあしをもつ動物。水中で生活するものが多く，えらで呼吸をする。陸上で生活するものは，肺で呼吸する。 例アサリやタコ，イカ，マイマイなど
□外とう膜（がいとうまく）	▶軟体動物がもつ，内臓を包みこむやわらかい膜。 **知識** 節足動物や軟体動物のほかに，ミミズ，クラゲ，イソギンチャク，ウニ，ナマコなども無脊椎動物である。

観察のガイド

観察4 無脊椎動物の観察

A ザリガニなどの行動の観察

❶ 体のつくりを調べる。

体がどのような部分からできているか観察する。

❷ 運動のようすを観察する。

あしや体の部分をどのように使って運動しているのか調べる。

バッタが植物を食べるようすや，ザリガニに煮干(にぼ)しや植物など，食物になるものを与(あた)えて行動を観察する。

B アサリなどの体のつくりの観察

❶ 運動のようすを調べる。

容器に食塩水を入れ，アサリを入れて観察する。⇨※1

❷ 体のつくりを調べる。

アサリを約40℃の湯につけ，殻(から)が少し開いたらスプーンで貝柱を切り，殻を開いて体のつくりを観察する。

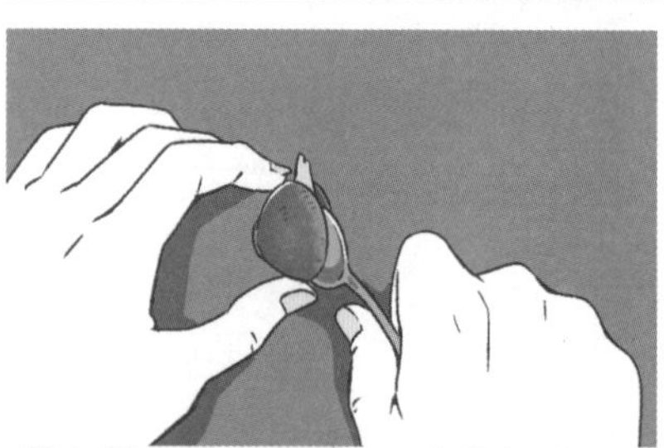

殻と殻の間にスプーンを入れる。

※1 くみ置きした水100gに食塩を3g入れたくらいの濃(こ)さの食塩水を使う。

観察の結果

A

ザリガニ

・水中で生活していた。
・体の外側にかたい殻があった。
・体やあしに節があった。
・あしを使って食物を口に運んでいた。

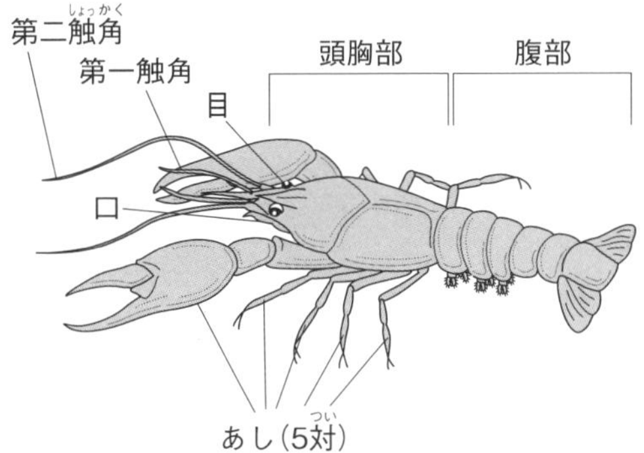

ザリガニは水中で生活し，えらで呼吸をする。ザリガニの口は複雑なつくりで，ここから食物をとり入れる。

バッタ

・陸上で生活していた。
・体の外側にかたい殻があった。
・体やあしに節があった。
・食べ物である植物の葉がかみ切れるような口(発達したあご)があった。

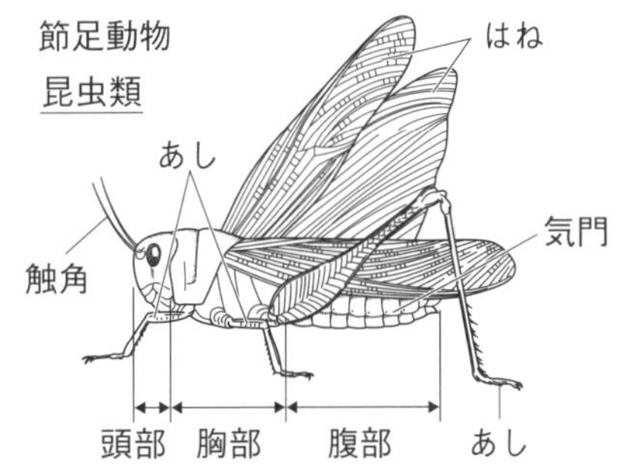

バッタは陸上で生活し，気門からとり入れた空気で呼吸をする。

B

・殻はあるが，体の外側や内側に体を支えるつくりはなく，体がやわらかかった。
・体に節はなかった。
・水を出し入れする管があった。

脊椎動物のように，あしや呼吸するところがある。また，ザリガニのような骨格がない。

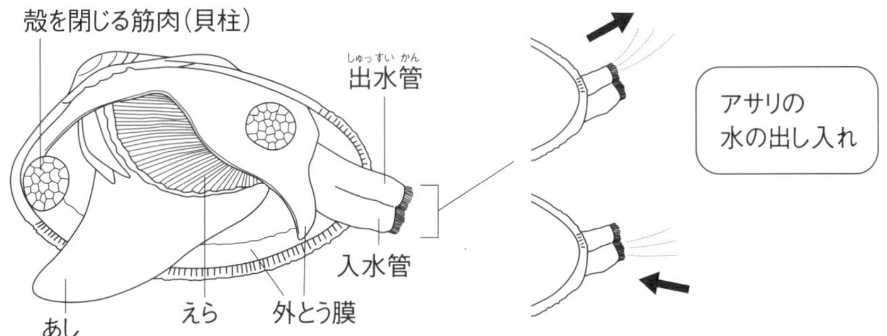

結果から考えよう

A

①脊椎動物と, どのようなところが共通で, どのようなところが異なっているか。

→共通しているところ…呼吸をして，食物を食べて生きている。
あしがある。

異なっているところ…背骨がなく，外骨格をもつ。
体が多くの節からできている。
あしが複数ある。
（ザリガニは５対，バッタは３対）
口のつくりが複雑である。

②Bで観察するものと, どのようなところが共通で, どのようなところが異なっているか。

→共通しているところ…背骨がない。
えらで呼吸をしている。（ザリガニ）
水中で生活している。（ザリガニ）

異なっているところ…外骨格をもつ。　体に節がある。
陸上で生活している。（バッタ）
気門からとり入れた空気で呼吸をしている。（バッタ）

B

①脊椎動物と, どのようなところが共通で, どのようなところが異なっているか。

→共通しているところ…呼吸をして，食物を食べて生きている。
あしがある。
筋肉のはたらきであしを動かしている。

異なっているところ…背骨がなく，外とう膜をもつ。

②Aで観察するものと, どのようなところが共通で, どのようなところが異なっているか。

→共通しているところ…背骨がない。
えらで呼吸をしている。（ザリガニ）
水中で生活している。（ザリガニ）

異なっているところ…外骨格がなく，外とう膜をもつ。
体に節がない。
えらで呼吸をしている。（バッタ）
水中で生活している。（バッタ）

④ 動物の分類

テーマ 動物の分類

教科書のまとめ

□動物の分類 ▶いままでに学習した動物の特徴から，分類に使う観点を考え，分類する。観点の順番によって，分類の図が変わってくる。

教科書 p.61

やってみよう

動物を分類してみよう

教科書p.41～p.42で植物を分類したときのような図をつくって，動物のグループの間にどのような関係があるか，考えてみよう。

❶ 動物を分類するとき，はじめに用いる観点は何か考える。

❷ ❶で用いた観点で分類した動物をさらに分類するために，次に用いる観点は何にするか考える。

分類した動物をさらに分けられると考える場合には，次の観点を考える。

❸ 他の人が考えた図と比べて，自分がつくった図の再検討をする。

❹ 作成した図を使って，これまでの学習で出てきた動物や身近な動物などを分類してみる。

やってみようのまとめ

動物の分類を，図や表にして整理する。

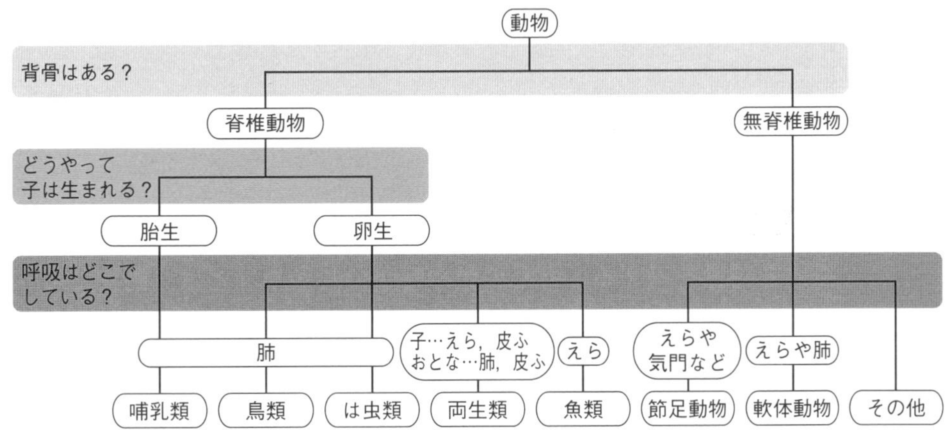

	哺乳類	鳥類	は虫類	両生類	魚類	節足動物	軟体動物	その他
背骨の有無	ある	ある	ある	ある	ある	ない	ない	ない
子の生まれ方	胎生	卵生	卵生	卵生	卵生	—	—	—
呼吸を行う場所	肺	肺	肺	子…えら，皮ふ おとな…肺，皮ふ	えら	えらや気門など	えら 肺	—
体の表面のようす	毛	羽毛	うろこ	湿った皮ふ	うろこ	外骨格	外とう膜	—

章末問題

①背骨がある動物，背骨がない動物をそれぞれ何というか。
②背骨がある動物の５つのグループを全てあげなさい。
③は虫類のもつ特徴について説明しなさい。
④節足動物の体の特徴について説明しなさい。
⑤外骨格や内骨格をもたないタコやイカ，二枚貝などのなかまの動物を何というか。
⑥背骨がある動物で，体の表面がうろこで覆(おお)われている生物がいた。他にどのような特徴がわかると，この生物がどのグループに入るのかがわかるだろうか。

解答
①背骨がある動物…脊椎動物　　背骨がない動物…無脊椎動物
②魚類，両生類，は虫類，鳥類，哺乳類
③肺で呼吸を行う動物で，卵生。体の表面はかたいうろこで覆われていて乾燥に強い。
④外骨格をもち，体が多くの節からできていて，あしにも節がある。
⑤軟体動物　　⑥呼吸のしかた

③トカゲやヘビなどのなかまに共通する特徴を考える。
④バッタなどの昆虫類，エビなどの甲殻類，クモのなかまに共通する特徴を考える。あしの数や呼吸のしかたなどは，動物によって異なる。
⑥脊椎動物のうち，体の表面がうろこに覆われているものは，魚類とは虫類である。２つの異なる特徴は，えらで呼吸するか肺で呼吸するかである。

テスト対策問題

解答は巻末にあります。

時間30分 /100

1 右の図は，いろいろな観点で動物を分類したものである。次の問いに答えよ。 8点×6(48点)

動物
ない／ある …… ①
卵／子 …… 生まれ方
水中／陸上 …… 産卵場所
えら／（　）／肺／肺 …… 呼吸
うろこ／湿った皮ふ／うろこ／羽毛／毛 …… 体表
チョウ／A／B／C／D／E …… 分類

(1) ①の「ある」「ない」の観点は何か。 (　　　　)

(2) 子を乳で育てるのはA～Eのどれか。 (　　)

(3) Aは魚類，Cはは虫類である。B，D，Eは何類か。

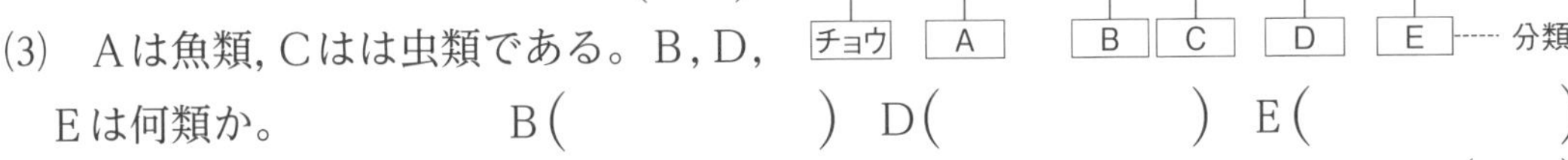

B(　　　　) D(　　　　) E(　　　　)

(4) Bの呼吸のしかたは，次のア～ウのどれか。 (　　)

ア 肺で呼吸　イ 子はえらと皮ふ，おとなは肺と皮ふで呼吸　ウ えらで呼吸

2 下の図は，２種類の動物の頭である。次の問いに答えよ。 6点×4(24点)

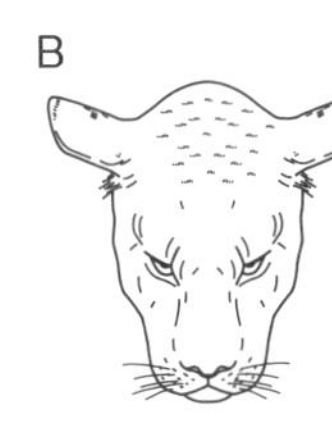

(1) AとBの目のつき方によるものの見え方の特徴を，次のア～エからそれぞれ選べ。

A(　　) B(　　)

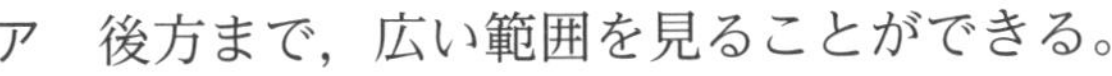

ア 後方まで，広い範囲を見ることができる。

イ 遠くのものを見ることができる。

ウ 他の動物との距離がはかれるよう，前方を広く，立体的に見ることができる。

エ 夜でもよくものを見ることができる。

(2) 発達した犬歯ととがった臼歯をもつのは，A，Bどちらの動物か。 (　　)

(3) (2)のような歯の形をしているのは，肉食動物と草食動物のどちらの特徴か。 (　　　　)

3 右の図は，トノサマバッタの体のつくりを表したものである。次の問いに答えよ。 7点×4(28点)

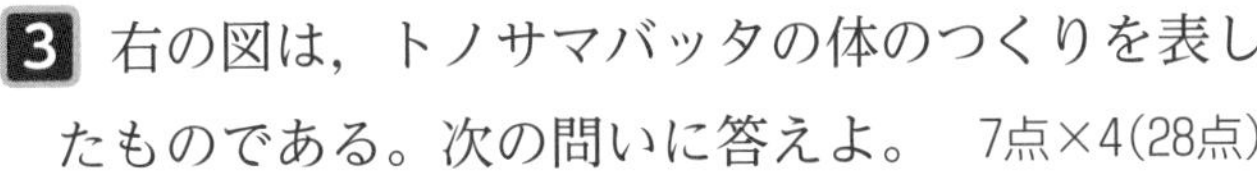

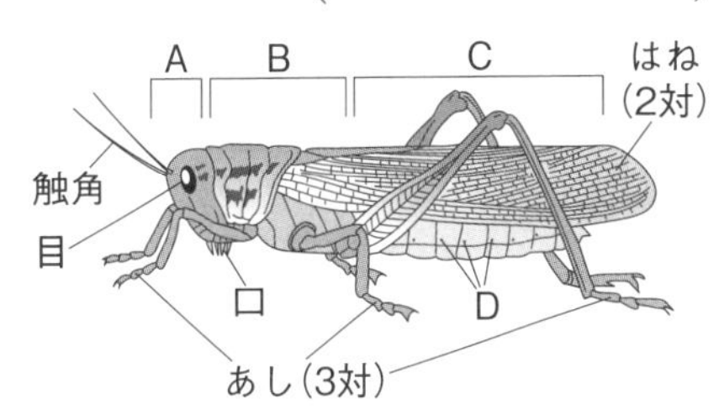

(1) 外骨格をもち，体が多くの節からできていて，あしにも節のある動物をまとめて何動物というか。 (　　　　)

(2) トノサマバッタのはねやあしがついているのは，A～Cのどの部分か。 (　　)

(3) トノサマバッタの体表にあるDの穴を何というか。 (　　　　)

(4) 外骨格は大きくならないので，トノサマバッタは成長するために何を行うか。

(　　　　)

単元1 生物の世界

探究活動 課題を見つけて探究しよう

植物の分類を活用する

テーマ　植物の分類

教科書のまとめ

□植物の分類	▶植物を観察し，その特徴から分類することができる。 **参考** 科 「科」は生物を分類するときに使うグループの名前で，同じ科の生物は似た特徴があるため，図鑑などで使われる。 例ホトケノザはシソ科である。

教科書 p.64

やってみよう

植物の分類を活用する

❶ これまでに学習したことを使って，自分たちの身のまわりの植物を検索できる，自分の植物図鑑をつくる。

❷ これまでに学習した観点を整理して，植物図鑑の項目や見出しを決める。

❸ 自分たちでつくった図鑑を実際に使ってみて，身のまわりの植物が検索しやすくなっているか試す。

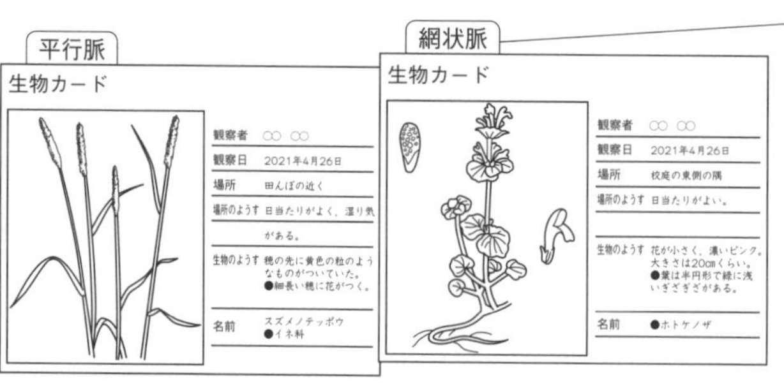

葉脈のちがいを見出しにした場合。

やってみようのまとめ

実際の植物図鑑では，葉の形，つき方，葉脈，植物がはえている場所，花の色，花の高さなどで検索できるようになっている。
見出しの種類や順番を変えて，カードを検索し，使いやすくする。

検索カードをつくる方法

①植物の特徴に合わせてBのカードのように点線部分を切りとり，何種類かの植物についてカードをつくる。
②Aのカードを表紙にしてカードを重ね，探したい植物の特徴の穴に竹ひごなどを刺(さ)して持ち上げる。
③落ちたカードから植物を探す。別の特徴の穴で②を繰(く)り返すと，さらにカードをしぼることができる。

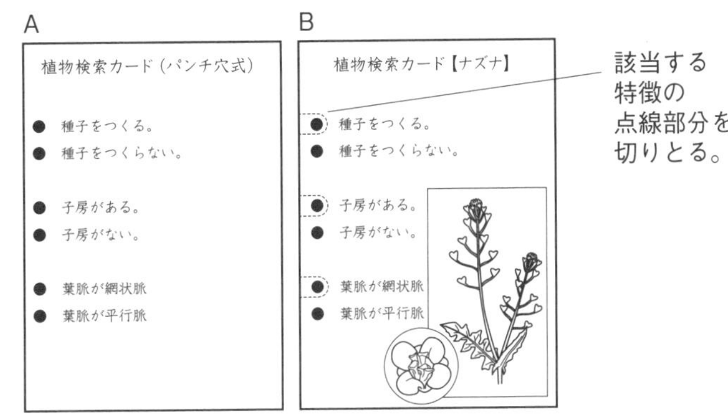

振り返ろう

自分が検索しやすいと思う観点と，ほかの人が検索しやすいと思う観点を比べて，改良した方が良いところなどを話し合う。ほかの人の意見を参考にすることで，より使いやすい図鑑をつくることができる。

単元末問題

1 身近な自然の観察

校庭で採集したタンポポについて，ルーペを使って花のつくりを観察した。

ルーペの使い方を説明した文として正しいものをア~ウから1つ選びなさい。

ア　ルーペをタンポポに近づけて持ち，タンポポを前後に動かしてよく見える位置を探す。

イ　ルーペを目に近づけて持ち，タンポポを前後に動かして，よく見える位置を探す。

ウ　ルーペを目に近づけて持ち，顔を前後に動かして，よく見える位置を探す。

解答　イ

考え方　ルーペは目に近づけて持つ。観察したいものを前後に動かして，よく見える位置を探す。見たいものが動かせないときは，ルーペを目に近づけたまま，顔を前後に動かして，よく見える位置を探す。

2 スケッチのしかた

次の文は，スケッチのしかたについて説明したものである。正しいものには○，間違っているものには×を書きなさい。

ア　スケッチは見えるもの全てを正確にかく。

イ　先が丸まって太くなった鉛筆を使う。

ウ　影をつけずに細部まではっきりと表す。

解答　ア：×　イ：×　ウ：○

考え方　ア：スケッチは，目的とするものだけを対象にしてかく。

イ：先を細く削った鉛筆を使い，１本の線で輪郭をはっきりと表す。

3 花のつくりとはたらき

図は被子植物の花のつくりを示している。次の問いに答えなさい。

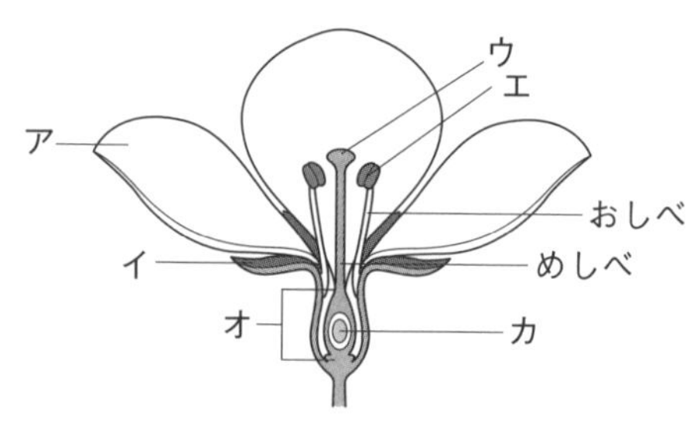

①ア~カの部分を何というか。

②オ，カの部分は受粉が行われると，それぞれ何になるか。

解答

①ア：花弁　イ：がく

ウ：柱頭　エ：やく

オ：子房　カ：胚珠

②オ：果実　カ：種子

考え方　①外からがく，花弁，おしべ，めしべの順についている。めしべの先端は柱頭，おしべの先には花粉が入っているやくがある。めしべのもとのふくらんでいる部分は子房で，子房の中には胚珠がある。
②受粉後，子房は果実になり，胚珠は種子になる。

4 葉や根のつくり

植物の葉や根のつくりについて，次の問いに答えなさい。

①被子植物の葉脈には，図1のa，bのような2つの形がある。それぞれを何というか。また，その形の特徴を説明しなさい。

図1

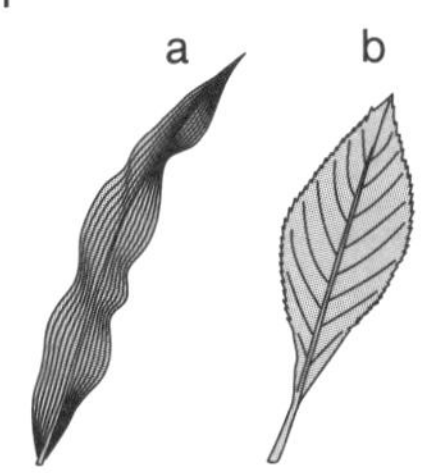

②被子植物の芽生えには，子葉が1枚のものと2枚のものがある。そのような特徴をもつ植物のなかまは，それぞれ何というか。

③被子植物の根には図2のような2つの形がある。ア〜ウはそれぞれ何というか。

図2

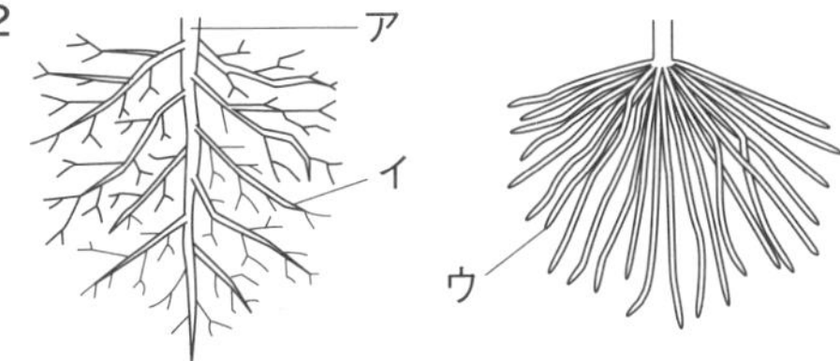

解答 ①a：平行脈，葉脈が平行になっている。
b：網状脈，葉脈が網目状になっている。
②子葉が1枚：単子葉類
子葉が2枚：双子葉類
③ア：主根　イ：側根　ウ：ひげ根

考え方 ①aの葉脈は平行になっている平行脈，bの葉脈は網目状になっている網状脈である。
②被子植物のうち，子葉が1枚のものを単子葉類，子葉が2枚のものを双子葉類という。
③被子植物の根には，太い主根とそこから出る細い側根，または，たくさんの細い根のひげ根がある。

単子葉類と双子葉類の特徴をまとめると，次のようになる。
単子葉類…子葉が1枚，平行脈，ひげ根
双子葉類…子葉が2枚，網状脈，主根と側根

5 マツやイチョウのなかま

図はマツの花を示している。次の問いに答えなさい。

①aは，雌花，雄花のどちらか。

②マツやイチョウのような植物は裸子植物とよばれる。アブラナなどの被子植物とのちがいを説明しなさい。

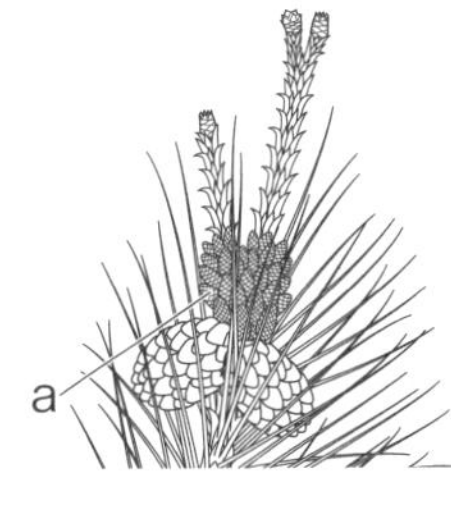

③被子植物で花粉が入っている部分と同じはたらきをするのは，裸子植物では何という部分か。

①a：雄花
②被子植物は胚珠が子房の中にあるが，裸子植物は胚珠がむき出しになっている。
③花粉のう

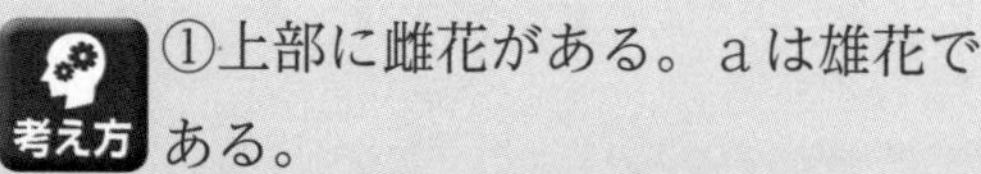

考え方 ①上部に雌花がある。aは雄花である。
②裸子植物の特徴は，胚珠がむき出しになっていることである。被子植物の胚珠は，子房の中にある。
③マツの花には花弁やがくがない。りん片がたくさんあり，雌花のりん片には胚珠が，雄花のりん片には花粉のうがある。花粉のうの中には花粉が入っている。

6 種子をつくらない植物

次の問いに答えなさい。
①種子をつくらないシダ植物やコケ植物は，何でふえるか。
②①が入っている部分を何というか。

①胞子　②胞子のう

考え方 ①②シダ植物やコケ植物は，胞子でふえる。イヌワラビなどの葉の裏には，胞子のうのかたまりがたくさんついていて，胞子のうの中には胞子が入っている。この胞子が湿り気のあるところに落ちると，発芽する。
ゼニゴケやスギゴケには雄株と雌株があり，胞子のうは雌株にできる。この胞子のうの中に胞子が入っている。
胞子の大きさは,一般的な種子よりも小さい。

7 植物の分類

図は，植物の分類を示している。次の問いに答えなさい。

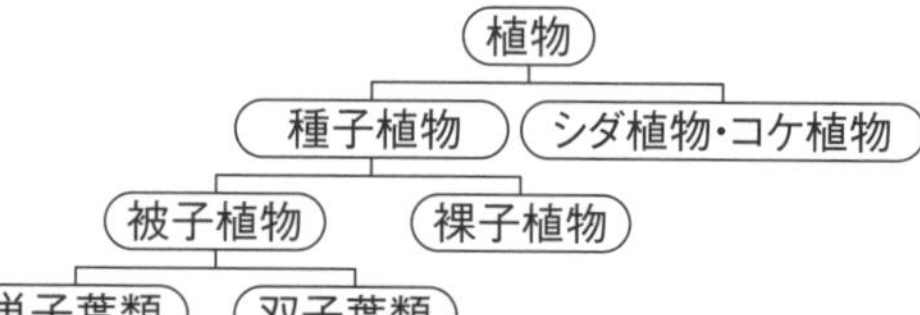

①種子植物を被子植物と裸子植物に分ける観点になった特徴は何か。
②単子葉類と双子葉類の葉や根のつくりは，それぞれどのようになっているか説明しなさい。

①胚珠が子房の中にあるかどうか。被子植物は胚珠が子房の中にあるが，裸子植物は胚珠がむき出しになっている。
②単子葉類の葉は葉脈が平行脈で，根はひげ根である。双子葉類の葉は葉脈が網状脈で，根は主根と側根がある。

考え方 ①種子ができる種子植物は，胚珠が子房の中にあるかどうかで，被子植物(胚珠が子房の中にある)と裸子植物(胚珠がむき出し)に分けられる。
②単子葉類とは，芽生えのとき，子葉が1枚の植物，双子葉類とは，子葉が2枚の植物である。

8 脊椎動物のなかま

ア～オの図は，脊椎動物の５つのグループを示している。

ア　魚類

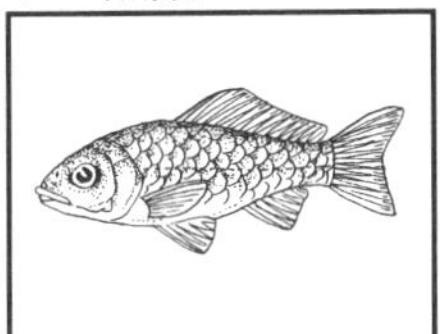

イ　両生類

ウ　は虫類

エ　鳥類

オ　哺乳類

次の①～④にあてはまる脊椎動物のグループを，図から選んで記号で全て答えなさい。また，脊椎動物の特徴について，⑤，⑥の問いに答えなさい。

①卵を水中に産むのはどれか。

②生まれたときから肺で呼吸するのはどれか。

③体の表面がかたいうろこで覆われていて，乾燥に強いのはどれか。

④受精した卵が雌の体内で育ち，子としての体ができてから生まれるのはどれか。

⑤魚類が呼吸をしている体の部分を何というか。

⑥雌が体外に卵を産み，その卵から子がかえることを何というか。また，④のような子の生まれ方を何というか。

解答

①ア，イ

②ウ，エ，オ

③ウ

④オ

⑤えら

⑥卵生，胎生

考え方

①卵を水中に産むのは，魚類と両生類である。

②生まれたときから肺で呼吸する動物は，卵(子)を陸上で産む動物である。

③陸上は乾燥している。陸上で生活する動物のうち，かたいうろこで覆われているのは，は虫類である。

9 体のつくりと食物

次の問いに答えなさい。

①哺乳類では，肉食か草食かという食物のちがいによって体のつくりに特徴が見られる。

次のａ，ｂは，肉食動物と草食動物のどちらだろうか。それぞれ答えなさい。

ａ

ｂ

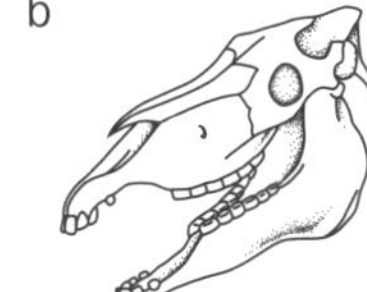

②①のように答えた理由を目のつき方や歯のつくりから説明しなさい。

解答

①ａ：肉食動物　ｂ：草食動物

②ａは，目が前方を向いていて，犬歯が鋭い。

ｂは，目が側方(脇の方)を向いていて，臼歯が草をすりつぶしやすいようになっている。

考え方 ①②肉食動物の目は前方を向いているので，前方の広い範囲が立体的に見える。そのため，獲物となる動物との距離をはかりながら，追いかけるのに役立っている。また，獲物の肉を食いちぎったり，骨をかみ砕いたりするのに役立つ，発達した犬歯ととがった臼歯をもつ。あしにはするどい爪があり，速く走ったり，獲物をとらえたりするときに役立っている。
草食動物の目は側方に向いていることで，広い範囲を見張るのに役立っている。シマウマなどは後方まで見ることができるため，後ろから肉食動物が近づいてきても，素早く知ることができる。門歯や臼歯が発達しており，門歯で食いちぎった草や木を臼歯で細かくすりつぶすことに役立っている。あしにはひづめがあり，長距離を走って，肉食動物から逃げるのに役立っている。

10　無脊椎動物のなかま

次の問いに答えなさい。

①脊椎動物と無脊椎動物のちがいは何か，簡単に説明しなさい。
②昆虫やエビのなかまを何というか。
③②のなかまの体を覆っている殻を何というか。
④③の殻を脱ぎ捨てて成長することを何というか。

⑤貝やイカなどのなかまを何というか。
⑥⑤のなかまは，どこで生活していることが多いか。
⑦⑤のなかまのうち，アサリなどのように，対になった貝殻をもつなかまを何というか。
⑧②や⑤のなかまには含まれない無脊椎動物を，次のア～エより２つ選びなさい。
ア　タニシ　イ　クラゲ
ウ　ミミズ　エ　カニ

解答 ①背骨があるかどうか。
②節足動物
③外骨格
④脱皮
⑤軟体動物
⑥水中
⑦二枚貝
⑧イ，ウ

考え方 ①無脊椎動物には，タコやイカなどの軟体動物，エビなどの甲殻類，バッタなどの昆虫類などがある。
②節足動物は，かたい外骨格をもち，体は多くの節からできていて，あしにも節がある。節足動物には昆虫類やエビなどの甲殻類，クモ類，ムカデ類などがある。
③④外骨格はとてもかたいので，成長するためには脱ぎ捨てる(脱皮する)必要がある。
⑤軟体動物には，タコやイカ，シジミなどの二枚貝，タニシなどの巻き貝などがある。
⑥軟体動物の多くは，水中で生活をして

いる。マイマイなどは，陸上で生活をしている。
⑧アは貝のなかまなので軟体動物，エは節足動物の甲殻類である。

読解力問題

① 動物の分類

①イ，エ
②B　理由：あしに節があり，えらで呼吸をしているから。

考え方
①A・Dと，B・C・Eにそれぞれ共通している特徴を整理する。
②こうら(外骨格)をもち，あしに節があり，えらがある動物を表1から探す。

単元2　物質のすがた

基本操作　化学実験に使う主な器具

化学実験に使う主な器具の使い方

テーマ　こまごめピペット・メスシリンダー・電子てんびん・温度計・ガスコンロ・ガスバーナーの使い方　　試験管の加熱のしかた

教科書のまとめ

□化学実験に使う主な器具の使い方	▶化学実験に使う器具には，さまざまな種類がある。 ①容器 　ビーカー，試験管，三角フラスコ　など ②加熱に使うもの 　ガスバーナー，ガスコンロ　など ③滴下に使うもの 　こまごめピペット　など ④計量や計測に使うもの 　メスシリンダー，電子てんびん　など

教科書 p.76

基本操作

こまごめピペットの使い方⇨✖1

❶　ゴム球を押して，こまごめピペットの中の空気を出す。

❷　ゴム球を押したまま，こまごめピペットの先を液につけて，ゴム球からゆっくり指を離しながら，液を吸い上げる。

❸　ゴム球を押して，必要な量の液を落とす。

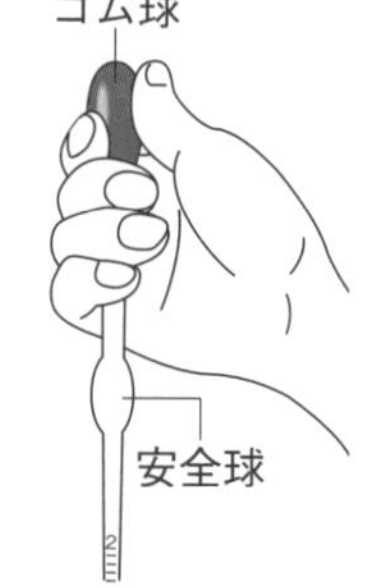

✖1・ゴム球に液が入らないように注意する。
・こまごめピペットの先は，他の容器などにふれると，割れやすいので注意する。

教科書 p.78

基本操作

メスシリンダーの使い方

水平な台の上に置き，液面の最も低い位置を真横から見て，最小目盛りの$\frac{1}{10}$まで目分量で読む。

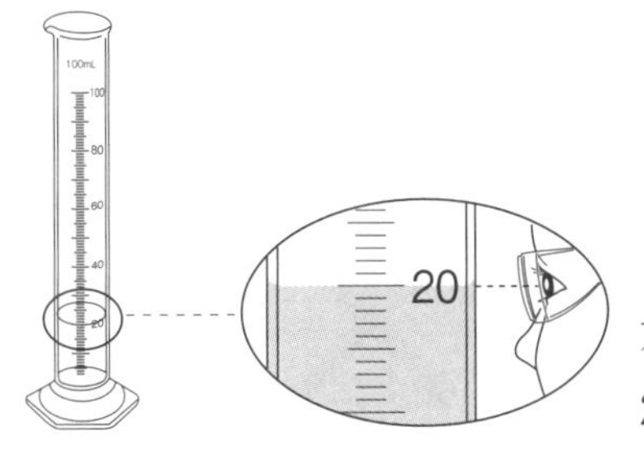

左の場合は，20.0mLと読む。

●20.0mLをはかりとる場合

ⓑは18.0mLである。

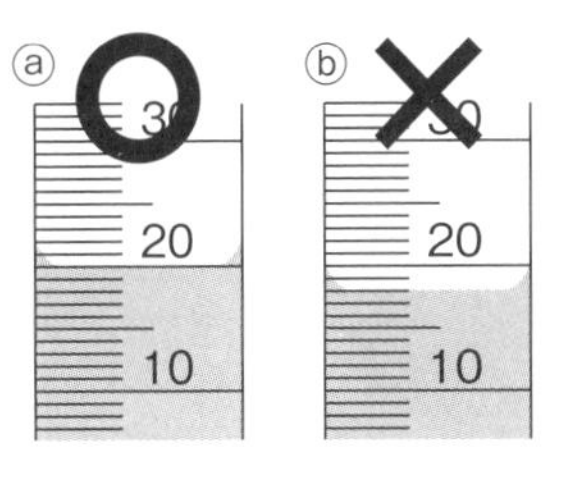

単元2　基本操作

教科書 p.78

基本操作

電子てんびんの使い方

❶　水平な台の上に置き，はかる前に表示の数字を0にしておく。

❷　はかりたいものをのせ，表示の数字を読む。⇨1

必要な質量をはかりとる場合

❶　水平な台の上に置き，薬包紙(または，からの容器)をのせてから，表示の数字を0にする。

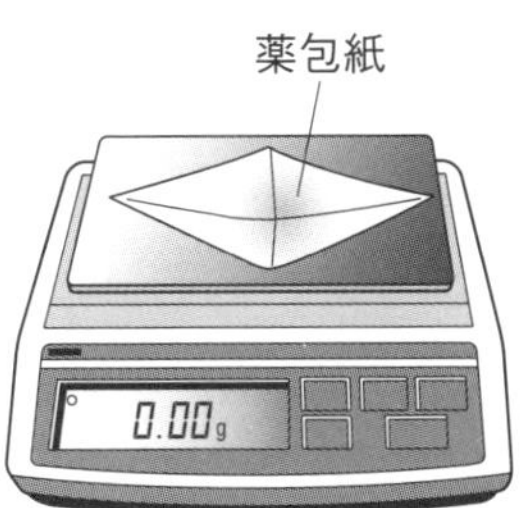

❷　必要な質量になるように，薬包紙(または容器)にはかりとりたいものをのせていく。

1 コツ 薬品をこぼさないように丁寧(ていねい)に使用する。

教科書 p.78

基本操作

温度計の使い方

液だめを測定したいものに当て，真横から液面の最も低い位置を，最小目盛りの $\frac{1}{10}$ まで目分量で読む。図の場合は23.2℃となる。⇨1

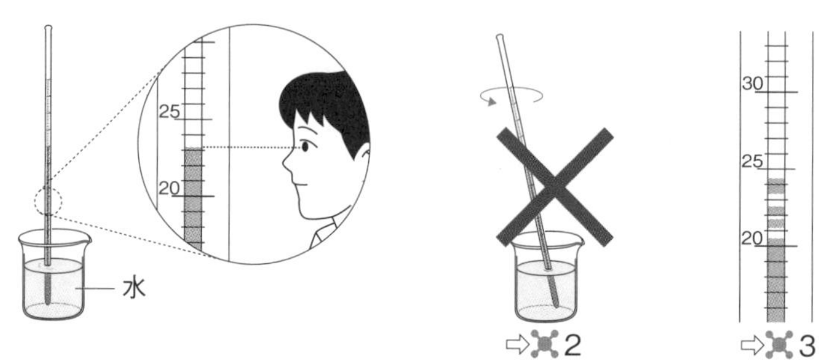

⇨2 ⇨3

1　温度計が正しい値（あたい）を示すかどうか，氷水（0℃）につけると確認できる。
2　注意 液だめを破損する恐（おそ）れがあるので，温度計でかき混ぜない。
3　コツ 温度計を急に熱したり冷やしたりすると，液飛びを起こし，正しくはかれなくなることがある。このような温度計は使用しない。

教科書 p.79

基本操作

ガスコンロの使い方⇨1〜3

❶　ガスボンベの切りこみを，ガスコンロの受け部に合わせてセットする。
❷　つまみを回して点火する。
❸　炎（ほのお）の大きさを調節する。

⇨1〜3

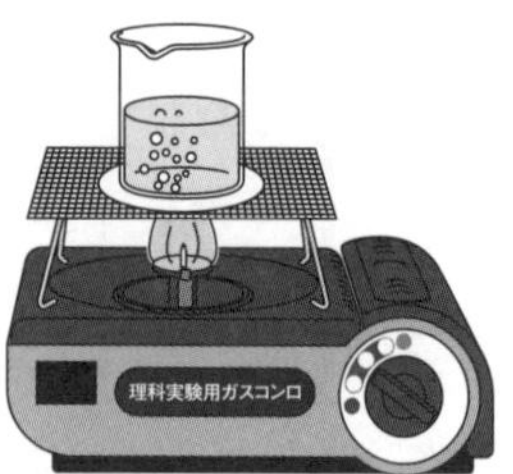

1　注意 ガスボンベがきちんととりつけられていることを確認してから点火する。
2　注意 ガスボンベが熱くなり破裂（はれつ）する恐れがあるので，加熱するものは金網（かなあみ）からはみ出して置かない。
3　注意 ガスコンロを2個並べて使わない。

教科書 p.79

基本操作

ガスバーナーの使い方

火のつけ方

❶ ガス調節ねじと空気調節ねじが閉まっているか確認する。

❷ ガスの元栓（もとせん）を開く。コックつきのガスバーナーでは，コックも開く。

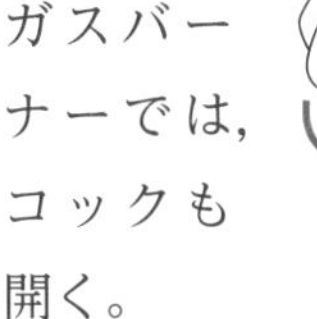

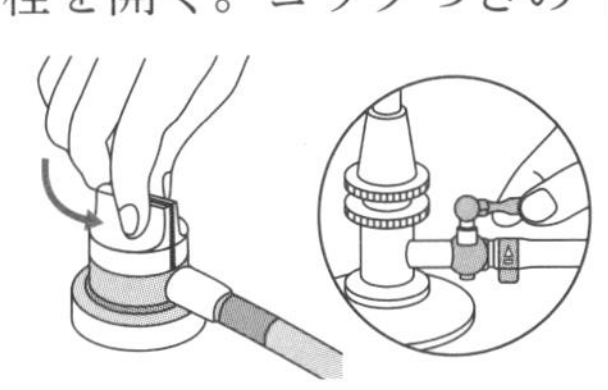

❸ マッチに火をつけ，ガス調節ねじを少しずつ開き，点火する。

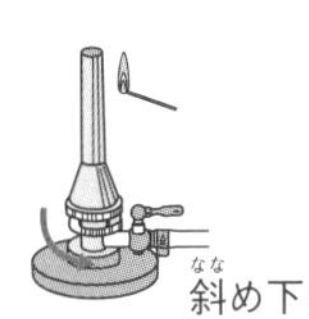

❹ ガス調節ねじを回して，炎の大きさを調節する。

❺ ガス調節ねじを押さえて，空気調節ねじだけを少しずつ開き，青い炎にする。

火の消し方

❶ 火をつけるときとは逆に，①空気調節ねじ，②ガス調節ねじの順に閉める。③コックがあるときは，コックも閉める。

❷ 最後にガスの元栓を閉める。

教科書 p.79

基本操作

試験管の加熱

液体の加熱のしかた⇨※1

ⓐ 試験管の口は，人がいない方に向ける。

ⓑ 振（ふ）りながら熱する。あまり激しく振らない。

ⓒ 液量は試験管の$\frac{1}{4}$以下にする。

ⓓ 炎の先から$\frac{1}{3}$くらい下に当てる。

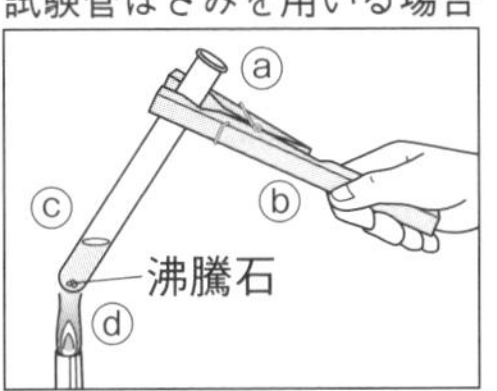

固体の加熱のしかた

液体が生じて熱している部分に流れこむと試験管が割れるため，試験管は口の方を少し下げて固定する。

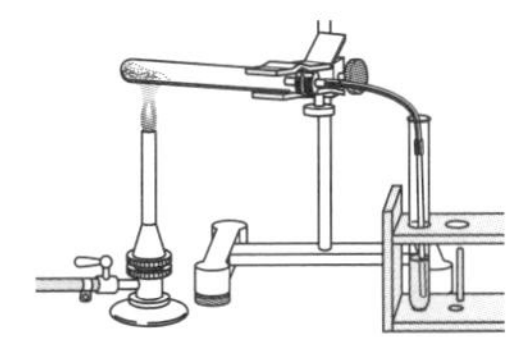

※1 注意 液体を熱していると，突然沸騰（とつぜんふっとう）（突沸（とっぷつ））し，液が飛び出すことがある。突沸を防ぐため，沸騰石を入れる。

単元2 物質のすがた

1章 いろいろな物質

① 身のまわりの物質

テーマ　物質　有機物　無機物

教科書のまとめ

□物質(ぶっしつ)とは何か	▶ものをつくっている材料に注目するとき，その材料のことを物質(ぶっしつ)という。
□有機物(ゆうきぶつ)	▶炭素を含(ふく)む物質。有機物を加熱すると，炭素が含まれているため，二酸化炭素が発生する。多くの有機物は，水も発生する。 例ろう，プラスチック，紙，砂糖
□無機物(むきぶつ)	▶有機物以外の物質。加熱しても燃えない。あるいは，燃えても二酸化炭素を発生しない。 例食塩，ガラス，鉄

注意
炭(炭素)や一酸化炭素は，燃えると二酸化炭素になるが，これらは無機物に分類される。

教科書 p.81

やってみよう

身のまわりのものがどのような物質でできているか例をあげてみよう

教室や理科室などにあるものはどのような物質でできているか，例をあげてみよう。それぞれの物質はどのような性質をもっているだろうか。

やってみようのまとめ

もの	物質
消しゴム	プラスチック
いす	木材，金属
クリップ	金属
電気器具のプラグ	金属，プラスチック

実験のガイド

実験1 白い粉末の区別

❶ 自分の考えた方法で調べる。⇨✖1，2

道具を準備して調べる。

操作＼物質	A	B	C
加熱する			

❷ 加熱して調べる。

① 加熱したときの変化を調べる。⇨✖3

② ものが燃えたときに発生する気体を調べる。

❶①で燃えたら，集気瓶に入れる。火が消えたらとり出す。

❷集気瓶に石灰水（せっかいすい）を入れ，ふたをして振（ふ）り，石灰水の変化を観察する。

⇨✖4

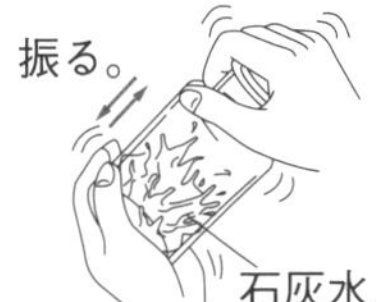

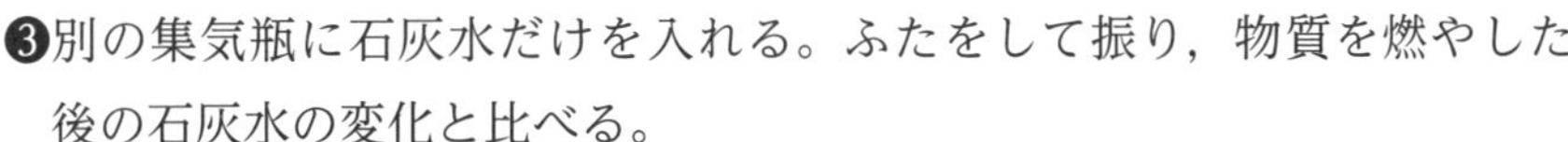
❸別の集気瓶に石灰水だけを入れる。ふたをして振り，物質を燃やした後の石灰水の変化と比べる。

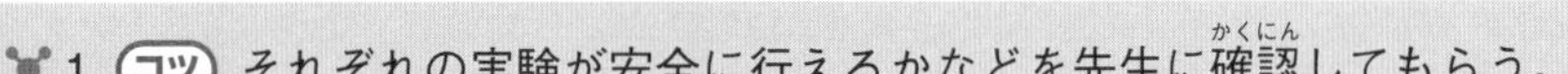
✖1 コツ それぞれの実験が安全に行えるかなどを先生に確認（かくにん）してもらう。

✖2 注意 ・保護眼鏡をかける。
・口に入れて味を調べない。

✖3 ・加熱するときは，やけどをしないように注意する。
・換気（かんき）をする。

✖4 石灰水がこぼれないように注意する。

単元2 1章

実験の結果

私のレポート

■白い粉末の区別

2021年7月12日　天気：晴れ　1年3組　大塚　優樹

目的…A，B，Cの３種類の白い粉末区別をいろいろな方法で調べ，それぞれ砂糖，食塩，片栗粉のどれかを区別する。

予想…砂糖と片栗粉は加熱すると燃え，食塩は燃えないと思った。砂糖と食塩は水に溶けて透明になるが，片栗粉は水に溶けても透明にならないと思った。片栗粉はヨウ素液を青紫色に変化させるが，砂糖と食塩は変化させないと思った。

準備…白い粉末A，B，C（砂糖，食塩，片栗粉），石灰水，ヨウ素液，薬さじ，薬包紙，ビーカー，ガラス棒，燃焼さじ，集気瓶，ガスバーナー，アルミニウムはく，保護眼鏡

方法…①白い粉末A，B，Cをそれぞれ異なる燃焼さじにのせて加熱し，変化を調べた。
②①で加熱して火がついた物質は集気瓶に入れ，ふたをした。
③火が消えたら物質をとり出して，集気瓶に石灰水を入れた。
ふたをして振り，石灰水の変化を観察した。
④③とは別の集気瓶に石灰水だけを入れ，ふたをして振り，石灰水の変化を③と比べた。
⑤水に白い粉末A，B，Cを入れ，溶けるかどうか観察した。
⑥白い粉末A，B，Cにヨウ素液を加えて変化を調べた。

結果…実験の結果，次の表のようになった。

物質	A	B	C
加熱したときの変化	火がついて燃えた。	燃えなかった。	茶色になって甘いにおいがした後，燃えた。
石灰水のようす	白くにごった。	―	白くにごった。
水に入れたとき	溶けなかった。	溶けた。	よく溶けた。
ヨウ素液の色の変化	青紫色になった。	変化しなかった。	変化しなかった。

考察…加熱したとき，AとCは燃えたがBは燃えなかったので，Bが食塩だと考えられる。水に入れたとき，Cはよく溶けたが，Aは溶けなかった。また，Aのみヨウ素液の色が青紫色に変わったので，Cが砂糖，Aは片栗粉だと考えられる。

感想…加熱したり，水に溶かしたりすると性質のちがいを調べられることがわかった。食塩は加熱しても全く変化がなかったので驚いた。

結果から考えよう

①白い粉末A，B，Cには，どのような性質があると考えられるか。

→Aは，火がついて燃え，燃えてできた気体は石灰水を白くにごらせる。また，Aは水に入れても溶けない性質がある。さらに，Aには，ヨウ素液を青紫色に変化させる性質がある。Bは，火をつけても燃えず，水に入れると溶ける性質がある。Cは火をつけると燃え，燃えてできた気体は石灰水をにごらせる。また，水に入れると溶ける性質がある。

②白い粉末A，B，Cは，それぞれ何だと考えられるか。

→Aは片栗粉，Bは食塩，Cは砂糖だと考えられる。

やってみよう

身のまわりの物質を有機物と無機物に分けてみよう

教科書p.85図 5 を参考にして，身のまわりの物質を有機物と無機物に分けてみよう。

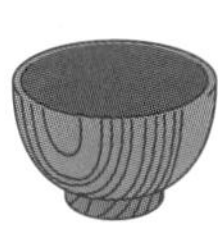
木

セラミックス

セメント

デンプン

やってみようのまとめ

有機物…木，デンプン

無機物…セラミックス，セメント

有機物は炭素を含む物質である。木やデンプンは炭素を含み，加熱すると二酸化炭素や水を発生させるので，有機物である。有機物以外の物質を無機物という。セラミックスは陶器やガラスなどで，炭素を含むものもあるが，熱に強いものが多く，加熱しても二酸化炭素や水は発生しないため，無機物である。コンクリートの原料となるセメントも無機物である。

② 金属の性質

テーマ　金属　金属光沢　展性　延性　非金属

教科書のまとめ

□金属の性質	▶金属には，共通した性質がある。 ●磨くと輝く（金属光沢）。 ●たたくと広がり（展性），引っ張るとのびる（延性）。 ●電流が流れやすく，熱が伝わりやすい。 **参考** 金属の例 銅，銀，金，白金，亜鉛，チタンなど **知識** 磁石につく金属 磁石につく金属は，鉄，ニッケルなど一部の金属である。磁石につくという性質は，金属共通の性質ではない。
□非金属	▶金属ではない物質。鉛筆の芯は，表面が光っていて電流を流すが，たたくと折れるので，金属ではない。

教科書 p.86

やってみよう

金属に共通の性質を調べてみよう

金属線，空き缶などについて，次の操作を試してみよう。

A　電流を流す

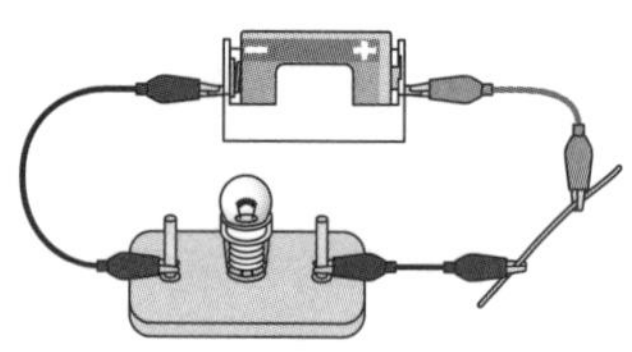

B　磁石を近づける

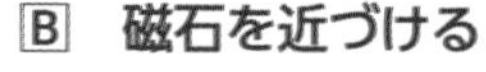

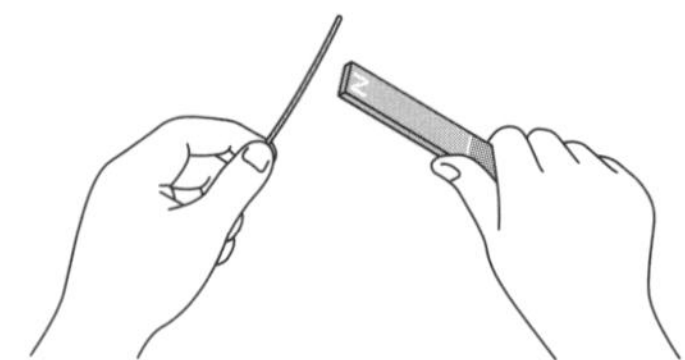

C　紙やすりでこする

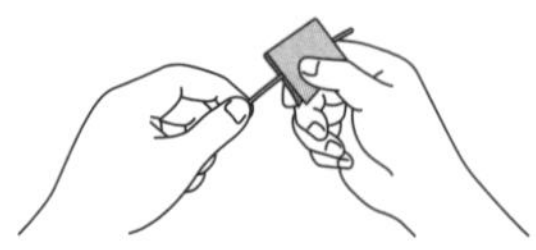

やってみようの結果

	電流が流れるか	磁石につくか	表面のようす
鉄線	流れた。	ついた。	銀色に光っていた。
銅線	流れた。	つかなかった。	赤く光っていた。
アルミニウム線	流れた。	つかなかった。	銀色に光っていた。

やってみようのまとめ

A　金属は電流が流れやすい。導線など，電流を流す部分に使われている。ただし，金属の空き缶は，缶の表面の塗料を削らないと電気を流さない。

B　金属には，磁石につくものとつかないものがある。鉄は磁石につくが，アルミニウムや銅はつかない。

C　紙やすりでこすると，金属は輝く(金属光沢)。

金属の性質

・磨くと輝く(金属光沢)。
・たたくと広がり(展性)，引っ張るとのびる(延性)。
・電流が流れやすく，熱が伝わりやすい。

③ 密度

質量　　体積　　密度

教科書のまとめ

□密度(みつど)

▶一定の体積当たりの質量。密度の大きさは物質ごとに決まっているため，物質を見分ける手掛(が)かりになる。

参考 物質の密度〔g/cm^3〕(温度を示していないものは20℃のときの値)

固体

物質	密度
金	19.30
銀	10.49
銅	8.96
鉄	7.87
亜鉛(あえん)	7.14
アルミニウム	2.70
マグネシウム	1.74
塩化ナトリウム	2.17
氷(0℃)	0.92
ガラス	2.4～2.6
ダイヤモンド	3.51
黒鉛(こくえん)	2.27

液体

物質	密度
水銀	13.53
水(4℃)	1.00
エタノール	0.79
ガソリン	0.66～0.75
重油	0.85～0.90
菜種油(なたね)	0.91～0.92
海水	1.01～1.05

気体

物質	密度
水蒸気(100℃)	0.0006
酸素	0.0013

★塩化ナトリウムは食塩の主成分。

□密度を求める式

▶密度はふつう，1 cm^3当たりの質量で表す。

$$密度〔g/cm^3〕=\frac{物質の質量〔g〕}{物質の体積〔cm^3〕}$$

★場所によって変わらない，物体そのものの量を質量という。

やってみよう

密度を調べてみよう

Ⓐ **液体の密度**

❶ メスシリンダーの質量を電子てんびんで調べる。
❷ メスシリンダーに液体を入れて，体積を調べる。
❸ メスシリンダーごと液体の質量を調べる。
❹ 液体の密度を計算で求める。

❷
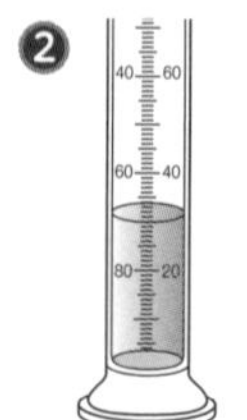

❸
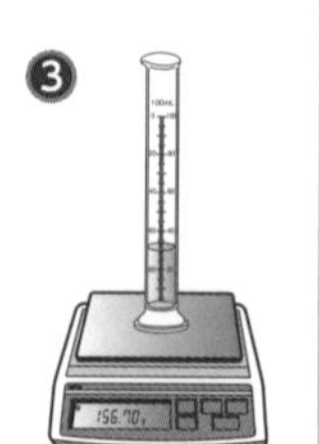

B 固体の密度

体積がわかっている場合

❶ 固体の質量を電子てんびんで調べる。

❷ 固体の密度を計算で求める。

体積がわからない場合

❶ 固体の質量を電子てんびんで調べる。

❷ あらかじめメスシリンダーに水を入れておく。

❸ 固体を入れ，水位の変化から体積を求める。

⇨✖1，2

❹ 固体の密度を計算で求める。

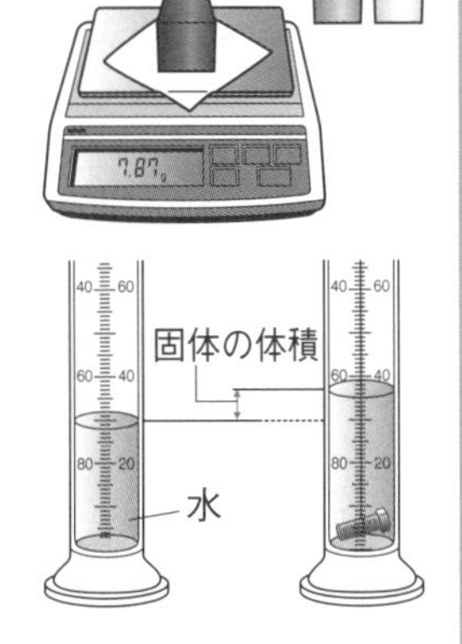

✖1 注意 固体は，糸でつるすなどして，静かに入れる。

✖2 コツ 表面に気泡(きほう)がついていたら，揺(ゆ)り動かしてとり除く。

やってみようのまとめ

A ❶ 液体の体積は，メスシリンダーで調べる。

❷ メスシリンダーは，液面の最も低い位置を真横から見て，最小目盛りの$\frac{1}{10}$まで目分量で読む。

❸ 電子てんびんの数値から，メスシリンダーの質量を引くと，液体の質量が求められる。

❹ 質量と体積がわかれば，密度＝$\frac{\text{物質の質量}}{\text{物質の体積}}$から密度が求められる。

B 体積がわかっている場合

❶ 電子てんびんの表示の数字を0にしてから，固体をのせる。

体積がわからない場合

❷ 水に溶(と)けない固体の場合，水に沈(しず)めると体積が求められる。

❸ 固体を入れた後の目盛りの数値から，最初に入れた水の体積を引くと，沈めた固体の体積が求められる。

演習 ①密度2.70g/cm^{3}のアルミニウム270gの体積を計算しなさい。

②体積が2cm^{3}の金と，12cm^{3}のマグネシウムでは，どちらの質量が大きいか。　（※密度の値は，教科書p.90表1を使う）

演習の解答　①100cm^3　②2cm^{3}の金

考え方　①体積＝$\frac{物質の質量}{物質の密度}$で求められる。$270g÷2.7g/cm^3＝100cm^3$

②金属の質量はそれぞれ，物質の質量＝密度×物質の体積で求められる。

金の密度$19.30g/cm^3$，マグネシウムの密度$1.74g/cm^3$より，

金 $2\ cm^3$の質量＝$19.30g/cm^3×2cm^3＝38.60g$

マグネシウム$12cm^3$の質量＝$1.74g/cm^3×12cm^3＝20.88g$

教科書 p.91

章末問題

①金属は有機物か無機物か。

②エタノールは有機物か無機物か。

③金属に共通な性質は何か。

④銅，亜鉛，ガラス，二酸化炭素を金属と非金属に分けなさい。

⑤同じ質量で比べたとき，密度が大きい方の物質は，体積が大きいか，小さいか。

⑥水に浮く物質の密度は，何g/cm^3未満か。

解答　①無機物　②有機物

③・金属光沢がある。

・展性，延性がある。

・電流が流れやすく，熱が伝わりやすい。

④金属…銅，亜鉛　非金属…ガラス，二酸化炭素

⑤小さい。

⑥$1\ g/cm^3$未満

考え方　①鉄やアルミニウムなどの金属は燃えるが，燃えたときに二酸化炭素は発生しない。

②エタノールは，燃やすと二酸化炭素と水が発生する。

③磁石につくという性質は，金属に共通する性質ではない。

④ガラスの表面は光るが，たたくと広がったり，引っ張るとのびたりしないで割れてしまうため，金属ではない。二酸化炭素は無機物だが，金属ではない。

⑤密度は一定の体積($1\ cm^3$)当たりの質量である。

⑥水より密度が小さい物質は水に浮き，水より密度が大きい物質は沈む。

テスト対策問題

解答は巻末にあります。

時間30分　　/100

1 砂糖を燃焼さじに入れ，ガスバーナーで加熱した。砂糖に火がついてから集気瓶に入れ，火が消えてからとり出した。次の問いに答えよ。　8点×7(56点)

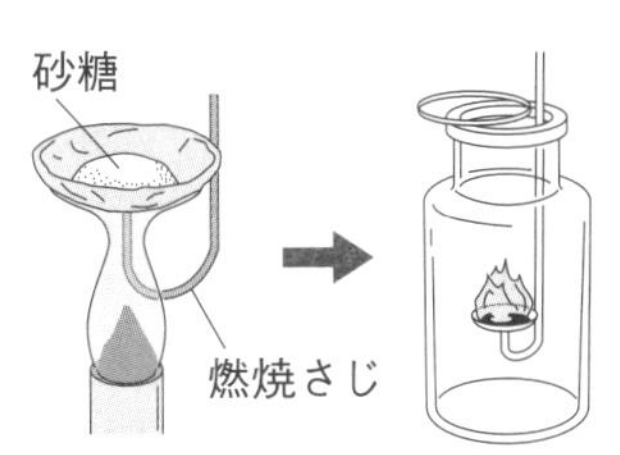

(1) 砂糖をガスバーナーで加熱すると，どのように変化してから燃え始めるか。
(　　　　　　　　　　)

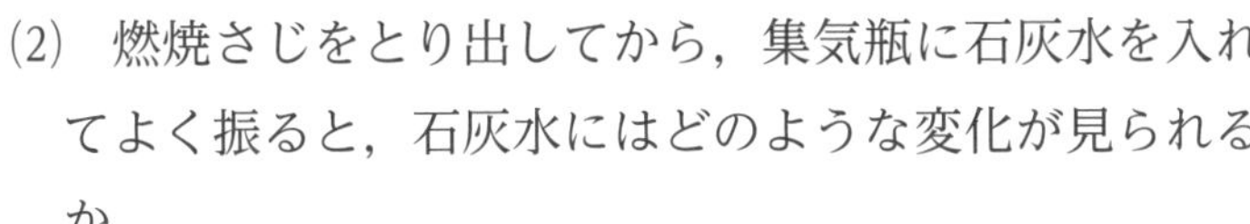

(2) 燃焼さじをとり出してから，集気瓶に石灰水を入れてよく振ると，石灰水にはどのような変化が見られるか。(　　　　　　)

(3) (2)のことから，砂糖が燃えると何という気体ができることがわかるか。
(　　　　　　)

(4) この実験を，砂糖のかわりに鉄片を使って行うと，鉄片や石灰水はどうなるか。
(　　　　　　　　　　)

(5) 加熱すると黒く焦げて炭になったり，燃えて(3)の気体を発生したりする物質を何というか。(　　　　)

(6) (5)に対し，鉄片のような物質を何というか。(　　　　)

(7) プラスチックは，(5)，(6)の２つの物質のどちらか。(　　　　)

2 いろいろな物質を用意し，金属であるかどうかを調べた。次の問いに答えよ。
7点×4(28点)

㋐鉄くぎ	㋑鉛筆の芯	㋒銅線	㋓割りばし	㋔プラスチック

(1) 磁石につくものを㋐～㋔から選べ。(　　　　)

(2) たたくと広がるものを㋐～㋔からすべて選べ。(　　　　)

(3) 電流が流れるものを㋐～㋔からすべて選べ。(　　　　)

(4) 金属であるものを㋐～㋔からすべて選べ。(　　　　)

3 液体Ａと液体Ｂを同じ質量はかりとり，メスシリンダーに入れたら，液体Ａは，79.0cm^3，液体Ｂは100.0cm^{3}であった。次の問いに答えよ。　8点×2(16点)

(1) 液体Ａと液体Ｂをそれぞれ１cm^{3}ずつとって質量を比べると，どちらが大きいか。
(　　　　)

(2) 密度が大きいのは，どちらの液体か。(　　　　)

単元2 物質のすがた

2章 気体の発生と性質

① 身のまわりの気体

テーマ　気体の性質の調べ方　気体の集め方　酸素と二酸化炭素

教科書のまとめ

□乾燥した空気の組成
▶空気には，体積の割合で窒素が78%，酸素が21%，その他(二酸化炭素が0.04%，他にアルゴンなど)が含まれている。

参考
空気に含まれる水蒸気の量は，季節や場所によってちがうため，空気の組成は乾燥した空気で表す。

知識 アルゴン
乾燥した空気に約0.9%含まれている。色もにおいもない気体。安定していて変化しにくいため，電球や蛍光灯の内部に入っている。

□気体の集め方
▶気体の性質と密度を考えて方法を選ぶ。
●水に溶けにくい気体…水上置換法
●水に溶けやすく，空気より密度が大きい気体…下方置換法
●水に溶けやすく，空気より密度が小さい気体…上方置換法

□酸素
▶色もにおいもなく，水に溶けにくい。ものを燃やすはたらき(助燃性)がある。植物のはたらきによってつくられ，生物の呼吸に使われる。うすい過酸化水素水(オキシドール)が二酸化マンガンにふれると発生する。

□二酸化炭素
▶色もにおいもなく，水に少し溶けて，水溶液は酸性を示す。密度は空気よりも大きい。石灰水を白くにごらせる。石灰石をうすい塩酸に入れたり，有機物を燃やしたりすると発生する。ヒトが吐く息にも含まれる。

知識 石灰水
水酸化カルシウム(消石灰)を水に溶かしたもの。二酸化炭素をふきこむと，炭酸カルシウムができて，白くにごる。石灰石はこの炭酸カルシウムからできている。

基本操作

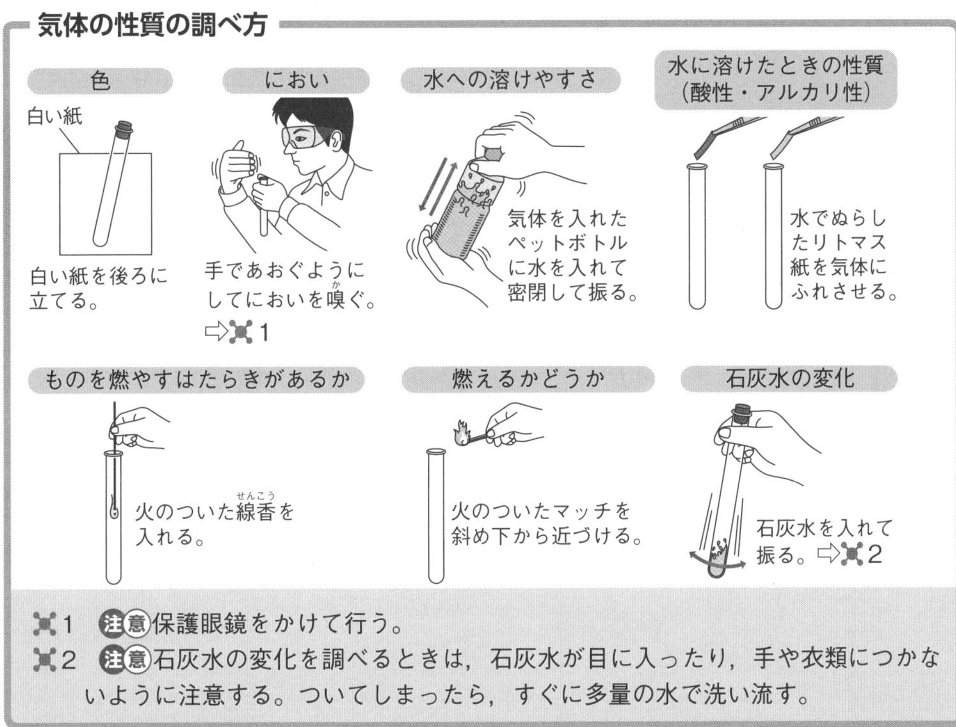

1 注意保護眼鏡をかけて行う。

2 注意石灰水の変化を調べるときは，石灰水が目に入ったり，手や衣類につかないように注意する。ついてしまったら，すぐに多量の水で洗い流す。

基本操作

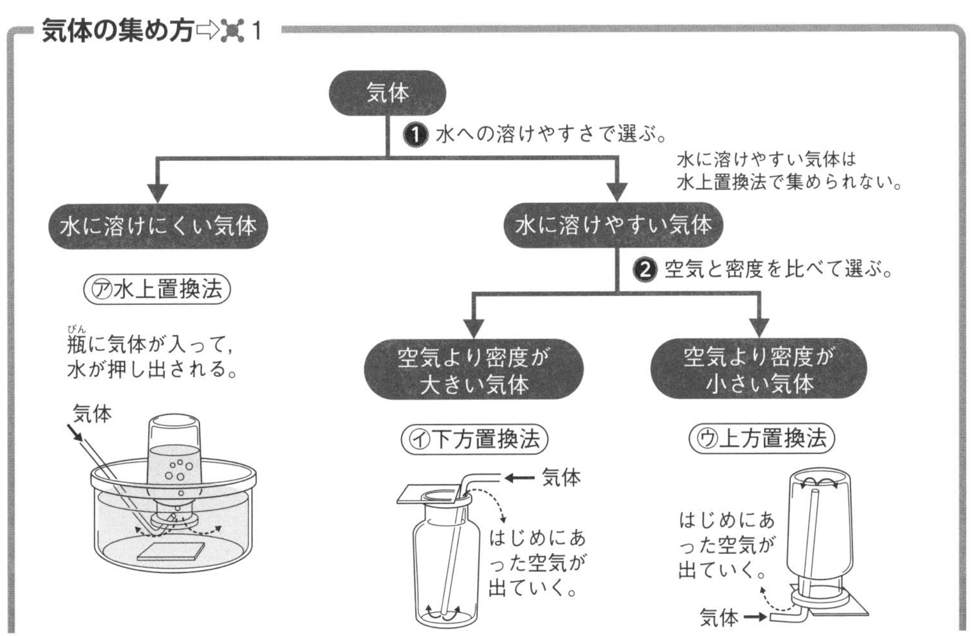

気体の集め方	㋐水上置換法	㋑下方置換法	㋒上方置換法
水への溶けやすさ	水に溶けにくい，または少ししか溶けない気体を集められる。	水への溶けやすさに関係なく気体を集められる。	
空気より密度が大きい(重い)かどうか	密度に関係なく気体を集められる。	空気より密度が大きい(重い)気体を集められる。	空気より密度が小さい(軽い)気体を集められる。

※1 コツ はじめに出てくる気体は，気体発生装置の中やガラス管の中に入っていた空気を含んでいる。気体を集めるときは，しばらく気体を出してから集める。

教科書 p.95

実験のガイド

実験2 身のまわりの気体の性質⇨※1

❶ 気体を発生させ，試験管に集める。

気体を発生させ，それぞれの気体を水上置換法で試験管に4本ずつ集め，ゴム栓をする。⇨※2，3

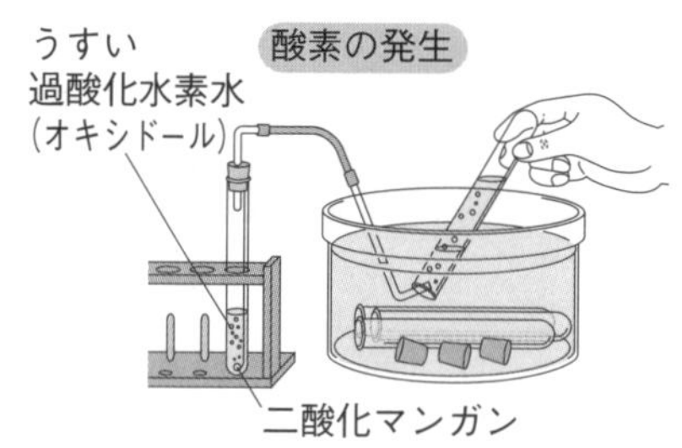

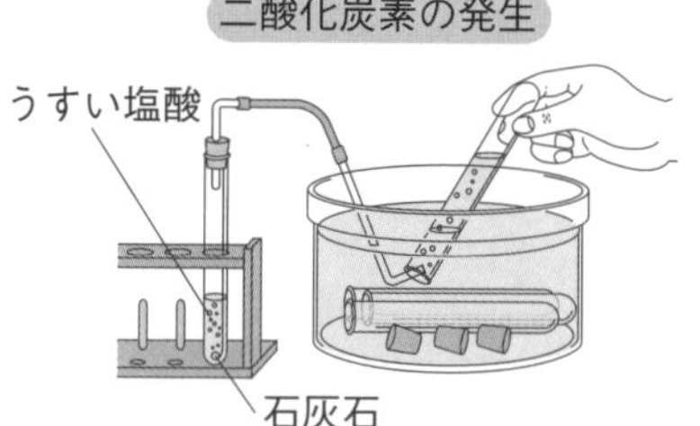

❷ 集めた気体の性質を調べる。

① 気体を集めた2本目の試験管に，火のついた線香を入れて，ものを燃やすはたらきがあるか調べる。

② 試験管に石灰水を加えて振り，変化を調べる。⇨※4

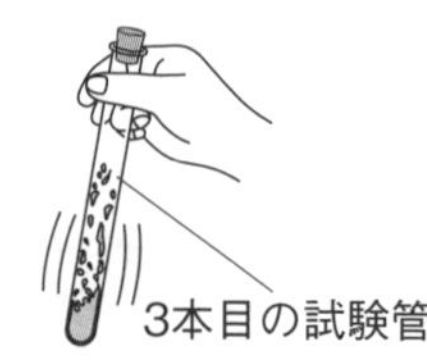

③ 試験管を振り，水の中で栓をとり，試験管内の水面の変化を調べる。⇨※5

※1 注意 保護眼鏡をかける。
※2 コツ はじめに出てくる気体は，装置に入っていた空気を多く含むので，1本目の試験管は使用しない。
※3 試験管には，水を少し残しておく。
※4 注意 石灰水が目に入ったり，手や衣服についたりしないよう注意する。ついてしまったら，すぐに多量の水で洗い流す。
※5 コツ もとの水面の位置に線を引いておく。

実験の結果

	線香を入れたとき	石灰水の変化	水に入れたとき
酸素	激しく燃えた。	変化しなかった。	変化しなかった。
二酸化炭素	火が消えた。	白くにごった。	水面が上昇した。 もとの水面の位置

結果から考えよう

酸素と二酸化炭素には，それぞれどのような性質があると考えられるか。

→酸素は，火のついた線香を激しく燃やす性質があることがわかる。酸素自体は燃えず，ものを燃やすはたらきがある。また，水に入れたとき，水面の位置が変化しなかったことから，水に溶けない性質があることがわかる。

→二酸化炭素は，石灰水を白くにごらせる性質がある。また，水に入れたとき，水面が少し上昇したことから，水に少し溶ける性質があることがわかる。

教科書 p.97

やってみよう

身のまわりの物質で気体を発生させてみよう。⇨✖1，2

A **酸素**

❶ 切ったジャガイモをオキシドールに入れる。⇨✖3

❷ 湯に風呂釜洗浄剤(ふろがませんじょうざい)を入れる。

B **二酸化炭素**

❶ 湯に発泡入浴剤(はっぽうにゅうよくざい)を入れる。

❷ 酢(す)にベーキングパウダーを入れる。

✖1 注意 換気(かんき)をして，保護眼鏡をかけて実験を行う。
✖2 注意 密閉容器中で気体を発生させない。
✖3 注意 オキシドールを使い，濃(こ)い過酸化水素水は使わない(教科書p.127参照)。

やってみようのまとめ

実験とは異なる方法を用いても，身のまわりの物質で同じ気体が発生することがわかる。

A ❶，❷で発生した気体を集めた試験管に，火のついた線香を入れると，線香が激しく燃えるので，酸素だとわかる。

B ❶，❷で発生した気体を集めた試験管に，石灰水を入れて振ると白くにごるので，二酸化炭素だとわかる。

② いろいろな気体の性質

テーマ　窒素　水素　アンモニア

教科書のまとめ

□窒素　▶空気の約８割を占める。色もにおいもなく，水にほとんど溶けない。自ら燃えたり，ものを燃やしたりしない。

□水素　▶最も密度が小さい気体。水素と酸素が混ざると，火にふれたときに爆発的に燃える。塩酸に鉄や亜鉛などの金属を入れると発生する。

□アンモニア　▶空気より密度が小さく，水によく溶ける。上方置換法で集める。水溶液はアルカリ性を示す。特有の刺激臭がある。

□いろいろな気体　▶身のまわりには，いろいろな気体がある。空気よりも密度の小さい気体を風船の中に入れると，風船は浮く。

	色やにおい	密度(g/L)(20℃)	水への溶けやすさ(水溶液の性質)	気体の集め方	その他の性質や用途
水素	無色 無臭	0.08	溶けにくい	水上置換法 上方置換法	空気中で火をつけると爆発的に燃えて，水滴ができる。
ヘリウム	無色 無臭	0.17	溶けにくい	水上置換法 上方置換法	密度の小さい気体で，風船に詰めると浮く。
メタン	無色 無臭	0.67	溶けにくい	水上置換法 上方置換法	有機物
アンモニア	無色 特有の 刺激臭	0.72	非常に 溶けやすい (アルカリ性)	上方置換法	有毒
窒素	無色 無臭	1.16	溶けにくい	水上置換法	空気の約8割を占める。
一酸化炭素	無色 無臭	1.16	溶けにくい	水上置換法	有毒 有機物の不完全燃焼でできる。
空気	－	1.20	－	－	
酸素	無色 無臭	1.33	溶けにくい	水上置換法	ものを燃やすはたらきがある。
硫化水素	無色 腐卵臭	1.43	溶けやすい (酸性)	下方置換法	有毒 火山ガスの成分。
塩化水素	無色 特有の 刺激臭	1.53	非常に 溶けやすい (酸性)	下方置換法	有毒
二酸化炭素	無色 無臭	1.84	少し溶ける (酸性)	水上置換法 下方置換法	石灰水を白くにごらせる。
塩素	黄緑色 特有の 刺激臭	2.99	溶けやすい (酸性)	下方置換法	インクの色が消える(脱色作用)。 殺菌作用 有毒

★気体の密度を表すときには，g/L(グラム毎リットル)を使うことが多い。

教科書 p.99

やってみよう

アンモニアの噴水をつくってみよう

❶ よく乾燥させた丸底フラスコに，アンモニアを上方置換法で集める。⇨✖1

❷ 図のような装置を組み立て，ゴム管の先をフェノールフタレイン液を加えた水につける。噴水(ふんすい)のようすを観察する。

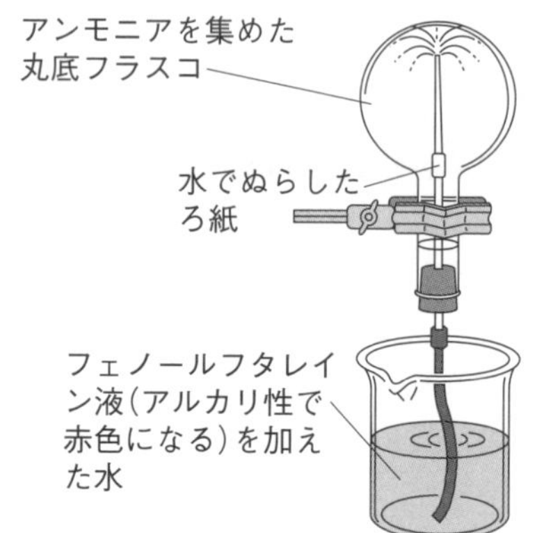

✖1 注意・アンモニアは刺激臭があるので，直接嗅(か)がないようにする。
・換気(かんき)をする。
・保護眼鏡をかける。

やってみようのまとめ

アンモニアは水に非常に溶けやすく，アンモニアの水溶液はアルカリ性を示すので，フラスコ内に赤い噴水ができる。

教科書 p.101

章末問題

①気体の集め方には，どのような方法があるか。
②水に溶けにくく，火のついた線香を入れると線香が激しく燃える気体は何か。
③石灰水を白くにごらせる気体は何か。
④二酸化炭素を発生させる方法を2つあげなさい。

解答
①水上置換法，下方置換法，上方置換法
②酸素
③二酸化炭素
④「石灰石をうすい塩酸に入れる。」
「酢にふくらし粉（ベーキングパウダー）を入れる。」
「発泡入浴剤を湯に入れる。」 など

テスト対策問題

解答は巻末にあります。

時間30分

/100

1 ア~キの方法で気体を発生させた。気体は，アンモニア，酸素，水素，二酸化炭素のいずれかである。次の問いに答えよ。

5点×20(100点)

ア　石灰石をうすい塩酸に入れた。

イ　塩化アンモニウム，水酸化ナトリウムを混合し，少量の水を加えた。

ウ　亜鉛をうすい塩酸に入れた。

エ　オキシドールに二酸化マンガンを入れた。

オ　酢にベーキングパウダーを入れた。

カ　鉄をうすい塩酸に入れた。

キ　ジャガイモを切って，オキシドールに入れた。

(1)　ア~キの方法で発生する気体はそれぞれ何か。

ア(　　　　　)　イ(　　　　　)　ウ(　　　　　)　エ(　　　　　)

オ(　　　　　)　カ(　　　　　)　キ(　　　　　)

(2)　火のついた線香を入れると，線香が激しく燃える気体はどれか。気体名で答えよ。

(　　　　　)

(3)　石灰水に通すと，石灰水が白くにごる気体はどれか。気体名で答えよ。

(　　　　　)

(4)　刺激のあるにおいがする気体はどれか。気体名で答えよ。　(　　　　　)

(5)　酸素と混合して火をつけると，爆発的に燃える気体はどれか。気体名で答えよ。

(　　　　　)

(6)　水でぬらした赤色リトマス紙を青色に変える気体はどれか。気体名で答えよ。

(　　　　　)

(7)　空気よりも密度が小さい(軽い)気体はどれとどれか。気体名で答えよ。

(　　　　　)(　　　　　)

(8)　色のついた気体はどれか。気体名で答えよ。なければないと答えよ。

(　　　　　)

(9)　水上置換法で集めることができる気体はどれか。気体名で3つ答えよ。

(　　　　　)(　　　　　)(　　　　　)

(10)　全ての気体の中で最も密度が小さい気体はどれか。気体名で答えよ。

(　　　　　)

(11)　水上置換法でも下方置換法でも集めることができる気体はどれか。気体名で答えよ。　(　　　　　)

単元2 物質のすがた

3章 物質の状態変化

① 状態変化と質量・体積

状態変化　固体⇄液体　液体⇄気体

教科書のまとめ

□状態変化
▶温度によって物質の状態が固体⇄液体⇄気体と変わること。状態変化では，物質の状態が変わるだけで，別の物質になるわけではない。

□固体⇄液体の状態変化
① 液体→固体の状態変化…質量は変わらないが，体積は減る。したがって，密度は大きくなる。ただし，水は体積が増えるので，密度が小さくなる。
② 固体→液体の状態変化…質量は変わらないが，体積は増える。したがって，密度は小さくなる。ただし，水は体積が減るので，密度が大きくなる。

□液体⇄気体の状態変化
① 液体→気体の状態変化…質量は変わらないが，体積は非常に増える。したがって，密度は非常に小さくなる。
② 気体→液体の状態変化…質量は変わらないが，体積は非常に減る。したがって，密度は非常に大きくなる。

知識 ドライアイス
保冷剤などに使われるドライアイスは，固体の二酸化炭素である。普通(ふつう)の空気中では液体にならず直接気体の二酸化炭素になるが，条件によっては，二酸化炭素は液体にもなる。

教科書 p.103

実験のガイド

実験3 液体⇄固体の状態変化

❶ ろうを加熱する。⇨✖1
ビーカーに固体のろうを入れ，ゆっくり加熱して液体にする。

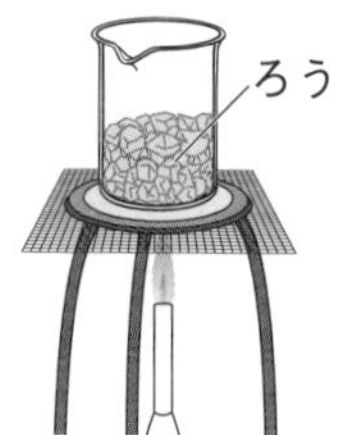

❷ 目印をつける。
液面の位置に油性ペンで目印をつける。

❸　質量をはかる。
ろうが液体のときの容器全体の質量を測定する。

画用紙などを敷く。

❹　ろうを冷やす。
室温でゆっくりと冷やし，ろうを固体にする。
固まったようすをスケッチする。

❺　固体のろうの体積と質量を調べる。
液体のときと固体のときのろうの表面の位置を比べる。また，容器全体の質量を測定する。

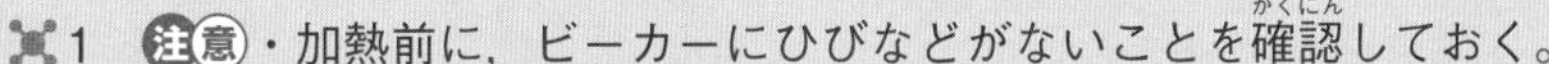

1 注意・加熱前に，ビーカーにひびなどがないことを確認(かくにん)しておく。
・保護眼鏡をかける。
・やけどに注意する。

実験の結果

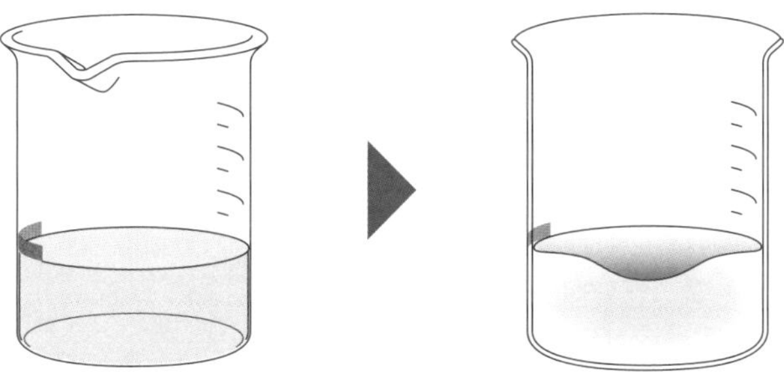

液体のときの質量…30.1g　　気体のときの質量…30.1g

❸と❺で測定した容器全体の質量は同じであった。
❺でビーカーの中央に大きなくぼみができたので，ろうの状態が液体から固体になると体積が減ることが確認できた。

結果から考えよう

ろうが液体のときと冷えて固体になったときでは，密度はどのように変化したと考えられるか。

→質量は変わらなかったが，固体のろうの中央が液体のときよりへこんだ分，体積が減ったため，密度は大きくなったと考えられる。

やってみよう

エタノールで液体⇄気体の状態変化を調べてみよう

❶ ポリエチレンの袋にエタノールを入れ，空気が入らないように口を縛り，バット内に置く。

⇨⌘1，2

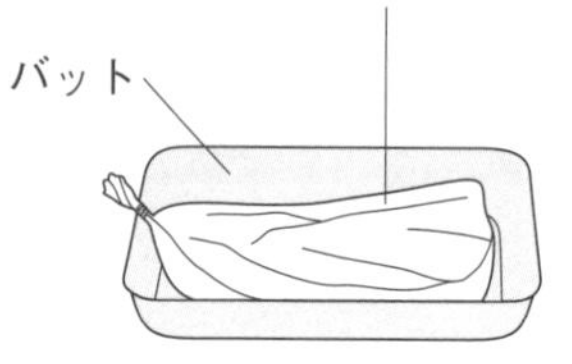

❷ 袋の上から熱湯をゆっくりと注ぎ，袋がどのようになるか観察する。⇨⌘3

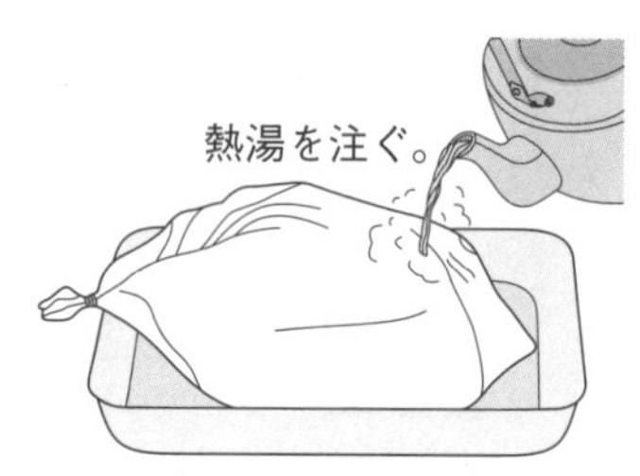

❸ ❷で加熱したエタノールが冷えて再び液体になると，袋はどのようになるか観察する。

⌘1 コツ できるだけ空気を抜いておく。
⌘2 注意 ・換気を行う。
・エタノールは燃えやすいので，火の近くに置いたり，火で直接加熱したりしない。
⌘3 注意 やけどに注意する。

やってみようのまとめ

液体のエタノールを入れた袋を熱湯で加熱すると，エタノールが気体になって袋が大きく膨らんだ。固体⇄液体の状態変化に比べ，液体⇄気体の状態変化では，体積の変化が非常に大きい。しかし，固体，液体，気体のどの状態でも物質の質量は変わらないため，状態変化では密度が変化することがわかる。

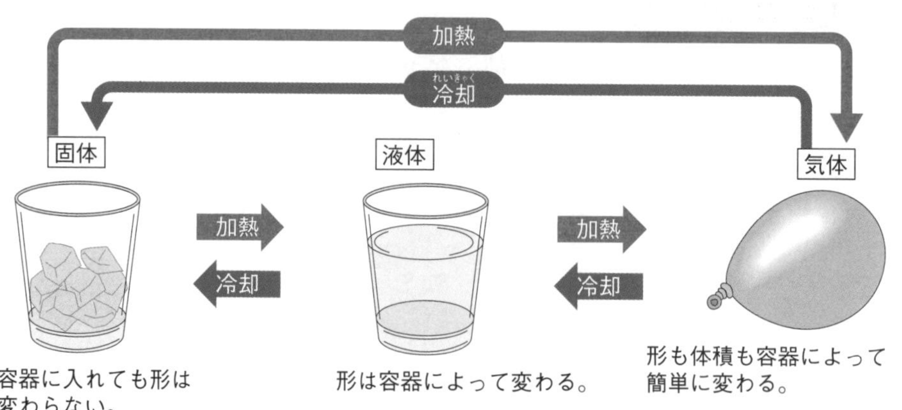

❷ 状態変化と粒子の運動

テーマ 粒子のモデル　状態変化

教科書のまとめ

□液体⇄気体の状態変化	▶液体を加熱して気体にすると，加熱された粒子(りゅうし)が激しく運動し，粒子どうしの距離(きょり)が大きくなる。反対に，気体を冷やして液体にすると，粒子の運動が穏(おだ)やかになり，粒子どうしの距離が小さくなる。
□固体⇄液体の状態変化	▶液体が固体になると，粒子の運動が穏やかになり，粒子どうしが規則正しく並ぶため，体積が減少する。このとき，液体のような流動性はなくなる。
□状態変化と粒子の運動	▶物質をつくる粒子は，その運動のようすで物質の状態が決まる。物質の状態変化が起こると，粒子の運動のようすが変わって，粒子どうしの距離が変わるため体積が変化するが，粒子そのものの数は変わらないため，質量は変化しない。

やってみよう

エタノールの状態変化を粒子のモデルで説明してみよう

袋に入れた液体のエタノールの粒子を20個の●で表す。このエタノールが気体になったときは，どのように表せるだろうか。下の図にかきこんでみよう。

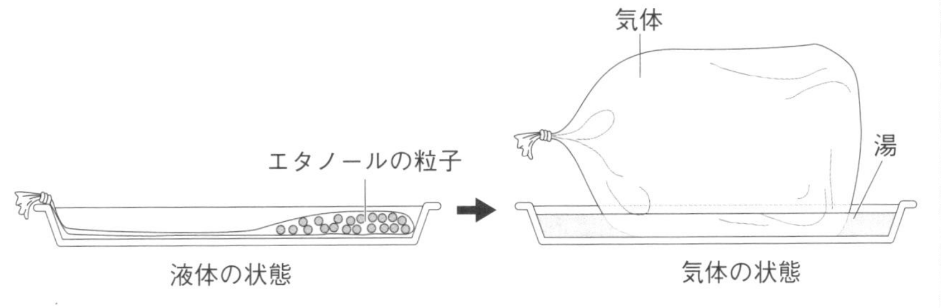

やってみようのまとめ

加熱された粒子の運動は激しくなり，粒子どうしの距離が大きくなって袋にぶつかる勢いが強くなるため，袋は押し広げられる。

反対に，膨らんだ袋に入ったエタノールが冷えて液体になると，粒子の運動が穏やかになり，粒子どうしの距離が小さくなって，もとのように集まり，袋はしぼむ。

図に表す場合，液体のときと気体のときで粒子の大きさや数は同じになるようにする。

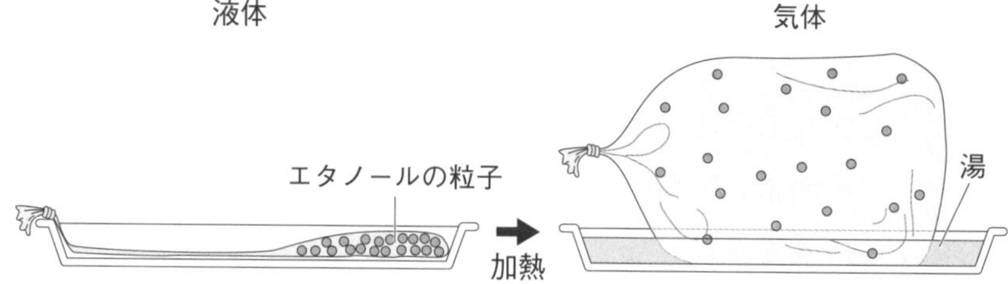

教科書 p.109

やってみよう

粒子の動きを体で表現してみよう

❶ 固体，液体，気体の粒子のイメージを確認(かくにん)する。

❷ 固体，液体，気体と状態が変化すると，粒子の集まり方やそれぞれの粒子の動き方が，どのように変化するか話し合う。

❸ ❷の話し合いをもとに，固体，液体，気体と状態が変化するときの粒子のようすを，体の動きで表現する。

やってみようのまとめ

物質の状態変化と粒子の運動のようすは，下の図のようになる。

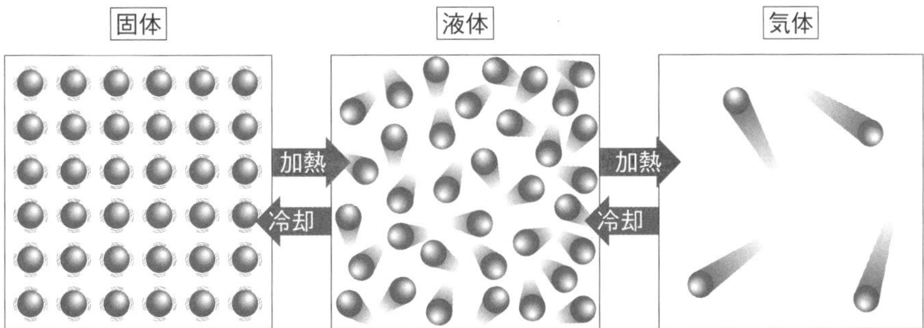

粒子はその場で穏やかに運動して，固体は決まった形になっている。固体の状態になっても，運動はゼロにはならない。

粒子は，固体のときよりも激しく運動していて，位置は決まっていないため，液体の形は容器によって変わる。

粒子の運動は，液体のときよりも激しくなり，粒子は自由に空間を動く。固体や液体に比べ，粒子間の距離は非常に大きい。

決まった位置に立っている。

ひとりひとりが歩いていて，その位置は自由に変わる。

ひとりひとりがかけ足で動き回り，位置は自由に変わる。それぞれの間の距離も大きくなる。

③ 状態変化と温度

テーマ　沸点　融点　純粋な物質　混合物

教科書のまとめ

□沸点　▶液体が沸騰して気体に変化するときの温度。

□融点　▶固体が液体に変化するときの温度。

□純粋な物質　▶１種類の物質からできているもの。純粋な物質は融点や沸点が決まっているので，融点や沸点を測定すると，それがどんな物質なのかを見分ける手がかりになる。

参考 純粋な物質
精製水，鉄，アルミニウム，ヘリウム，ショ糖，塩化ナトリウム，エタノール，パルミチン酸，メントール，水素など

□混合物　▶いろいろな物質が混ざり合っているもの。自然界にある物質は混合物が多い。混合物は決まった融点や沸点を示さない。

参考 混合物
炭酸水，食塩水，砂糖水，空気，ジュース，赤ワイン，海水，しょうゆ，みりん，ソースなど

教科書 p.111

やってみよう

エタノールの温度変化をグラフに示してみよう

時　間〔分〕	0	1	2	3	4	5	6	7	8	9	10
エタノールの温度〔℃〕	21.5	26.0	36.5	55.3	72.0	76.7	77.8	78.2	78.2	78.3	78.2
水の温度〔℃〕	21.8	23.4	32.0	40.2	51.3	65.3	78.6	90.2	98.8	99.8	99.8

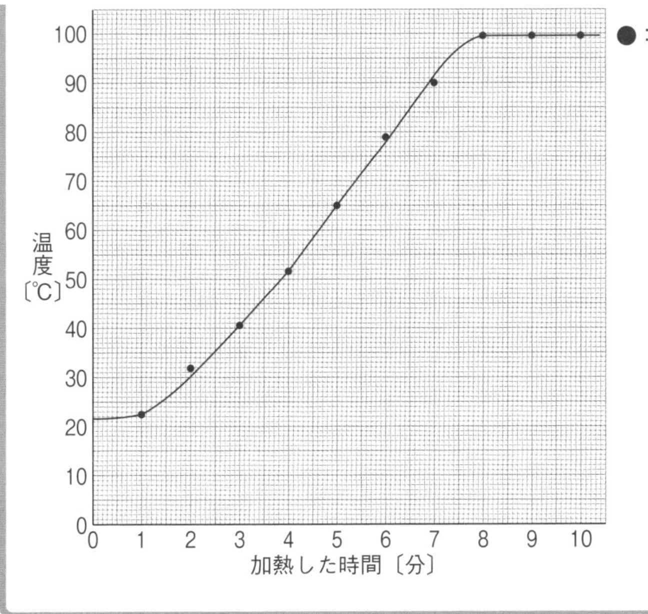

エタノール50mLと水50mLをそれぞれ加熱したときの温度変化は表のようになった。この表から，水の温度変化をグラフにすると，左のようになった。基本操作「グラフのかき方①」を参考に，エタノールの温度変化をグラフに表してみよう。

やってみようの結果

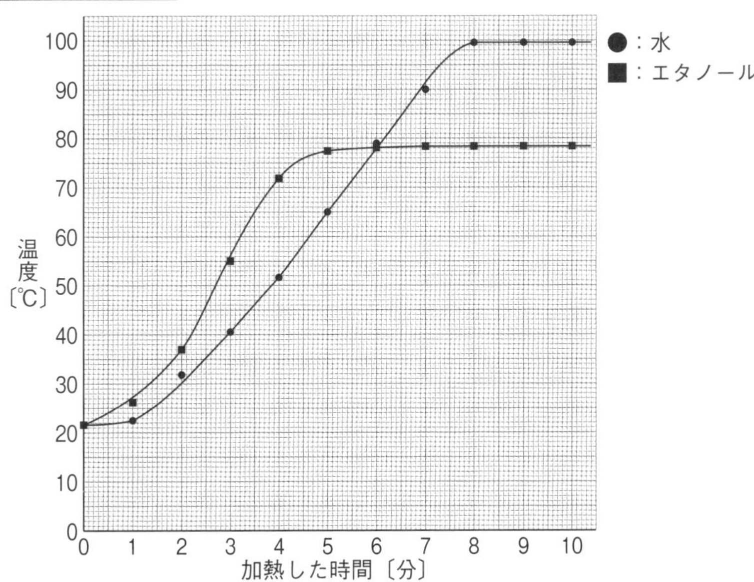

基本操作

グラフのかき方①

測定した値をグラフに表すと，変化の傾向をつかみやすい。また，測定していない値の推測もできる。

❶ 横軸，縦軸を決める。横軸には変化させた量，縦軸には変化した量をとる。

❷ 全ての測定値がかけるように，目盛りの大きさを決める。

❸ 測定値を●や■などの印でかく。データが２種類以上ある場合は異なる印を使って区別する。

❹ 印の並び方から，直線か滑らかな曲線かを判断して，印のなるべく近くを通る線を引く。

Science Press

蒸発と沸騰

水は，100℃付近まで高温にして沸騰させなくても，少しずつ水蒸気になっていく。これを蒸発という。

蒸発では，液体の水の粒子のうち，水面近くにある粒子の一部が，少しずつ空気中に飛び出していく。蒸発はどの温度でも起こり，洗濯物が乾くのはこのためである。

100℃にすると，水は沸騰する。

沸騰している水では，全ての水の粒子が気体に変化しようとしているので，水の表面だけでなく，液体の内部でも水蒸気ができる。そのため，液体は激しく泡立つ。

蒸発

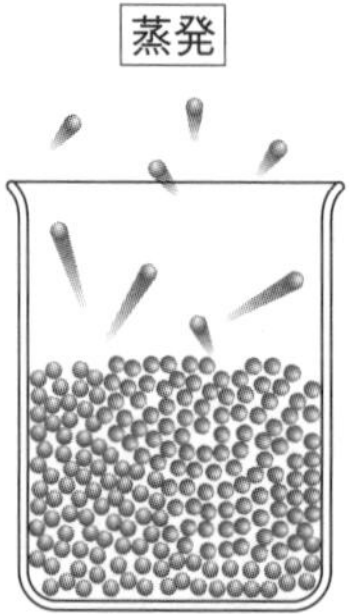

沸騰

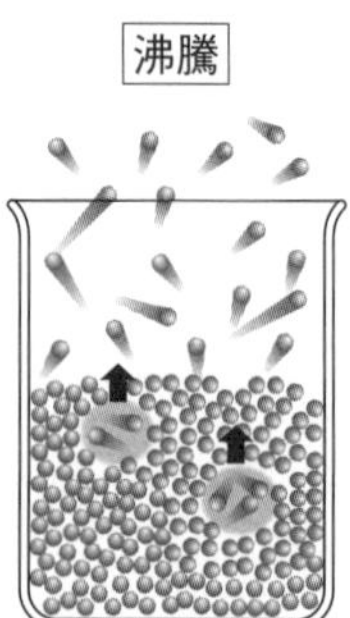

④ 蒸留

テーマ　蒸留　　沸点のちがい

教科書のまとめ

□蒸留 ▶液体を加熱して沸騰(ふっとう)させて気体にし，冷やして再び液体にして集める方法。液体の混合物から，それぞれの物質を分けてとり出せる。

□蒸留の利用 ▶酒に含まれるアルコールの濃(こ)さを高めたり，石油から用途(ようと)に適した物質をとり出したりするときなどに利用されている。

知識
石油（原油）は，沸点の異なる物質が混ざったものである。

教科書 p.115

実験のガイド

実験4 蒸留

❶ 赤ワインを加熱し，液体を集める。

枝つきフラスコに赤ワインを約10mLとり，沸騰石を入れて弱火で加熱する。３本の試験管㋐㋑㋒の順に約１mLずつ液体を集める。

液体を集めているときの温度をはかる。

⇨✖1～3

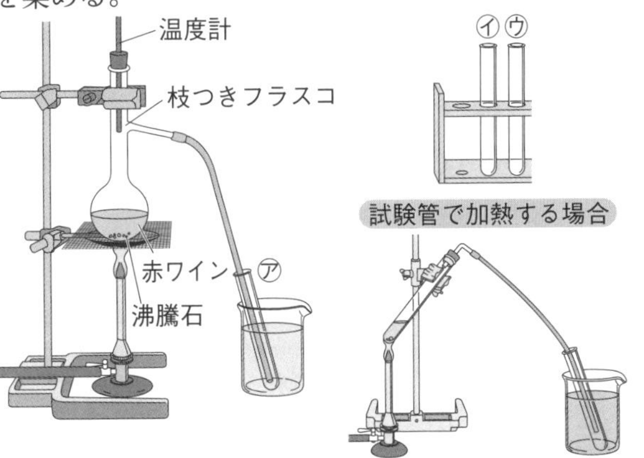

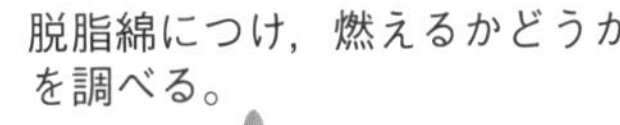

❷ 集めた液体の性質を調べる。

試験管㋐㋑㋒に集めた液体の性質を調べる。

色やにおいを調べる。

脱脂綿につけ，燃えるかどうかを調べる。

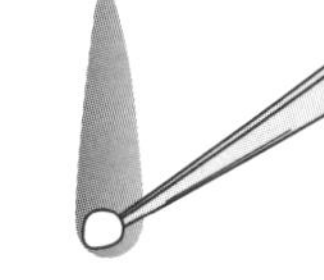

✖1 コツ 試験管をかえるときは，ビーカーを横にすべらせるとよい。

✖2 注意 液体が逆流しないよう，ゴム管の先を試験管の中の液体から抜きとってから火を消す。

✖3 注意 ・やけどに注意する。
・保護眼鏡をかける。
・換気(かんき)する。

実験の結果

	温度〔℃〕	色	におい	火をつけたとき
㋐1本目	72.3~81.2	無色	エタノールのにおいがした。	長く燃えた。
㋑2本目	81.2~92.9	無色	少しエタノールのにおいがした。	少し燃えるが，すぐに消えた。
㋒3本目	93.0~94.8	無色	においはしなかった。	燃えなかった。

赤ワインの入ったフラスコを加熱して出てくる気体を集めると，１本目の試験管㋐にエタノールが最も多く含まれていた。沸騰している間の温度変化は純粋な物質のときのように一定ではなく，温度が少しずつ上昇していった。

結果から考えよう

沸点のちがいを利用して，赤ワインからエタノールをとり出すことはできたか。また，なぜその結果になったと考えられるか。

→エタノールをとり出すことができた。

エタノールの沸点は水の沸点より低いので，赤ワインが沸騰し始めたとき，出てくる気体は水より沸点の低いエタノールを多く含む。加熱を続けると，出てくる気体はエタノールより水蒸気を多く含むようになることから，エタノールをとり出すことができたと考えられる。

教科書 p.117

章末問題

①物質の状態が変化するとき，その前後で質量は変化するか。また体積はどうか。

②固体の物質が液体に変化するときの温度を何というか。

③教科書p.113の表１の物質の中で，－30℃のときにも50℃のときにも液体の物質は何か。

④水とエタノールの混合物を蒸留するとき，はじめに得られる液体に多く含まれる物質は何か。

①質量は変化しないが，体積は変化する。

②融点　③水銀，エタノール，アセトン

④エタノール

テスト対策問題

解答は巻末にあります。

時間30分　　/100

1 右の図のように，水を入れたビーカーの中にポリエチレンの袋をつけたろうとを入れ加熱した。次の問いに答えよ。

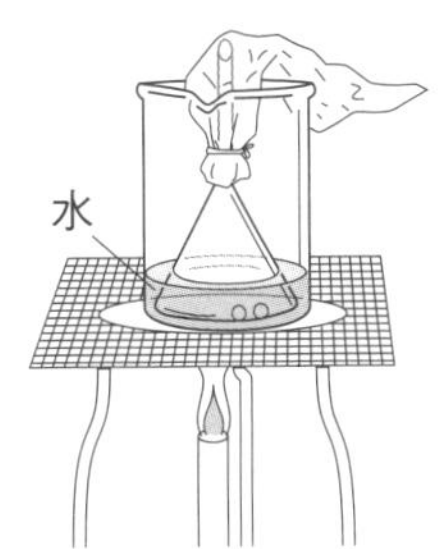

5点×2(10点)

(1) 加熱すると気体が発生し，袋が膨らんだ。発生した気体は何か。　(　　　　)

(2) ガスバーナーの火を消してしばらくすると，膨らんでいた袋はしぼんでしまった。これはなぜか。

(　　　　　　　　　　　　　　　　　　　　)

2 物質の状態変化について，次の問いに答えよ。

6点×11(66点)

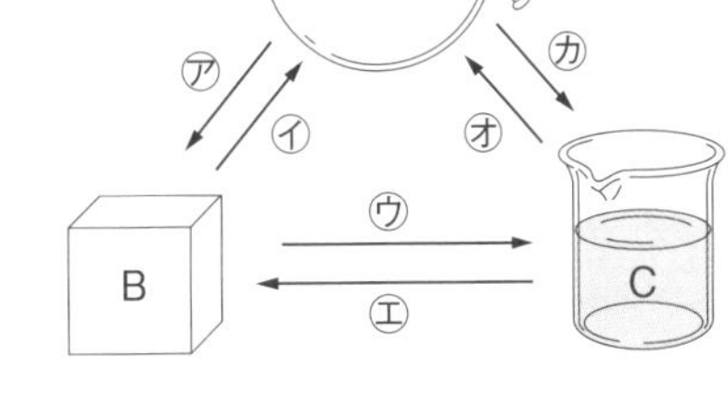

(1) 右の図のA～Cは固体・液体・気体のどの状態を表しているか。　A(　　　　)　B(　　　　)　C(　　　　)

(2) ㋐～㋕の矢印は加熱・冷却のどちらを表しているか。加熱には○，冷却には×をつけよ。

㋐(　)　㋑(　)　㋒(　)　㋓(　)　㋔(　)　㋕(　)

(3) 一般に，同じ質量ならばAとCではどちらが体積が大きいか。　(　　)

(4) A⇄Bのような状態の変化のしかたをする物質の例を1つ答えよ。

(　　　　　　)

3 右のグラフは，物質を加熱したときの，時間の経過にともなう物質の温度変化を測定したものである。また，㋐と㋑はどちらも液体を加熱したときのグラフである。次の問いに答えよ。　6点×4(24点)

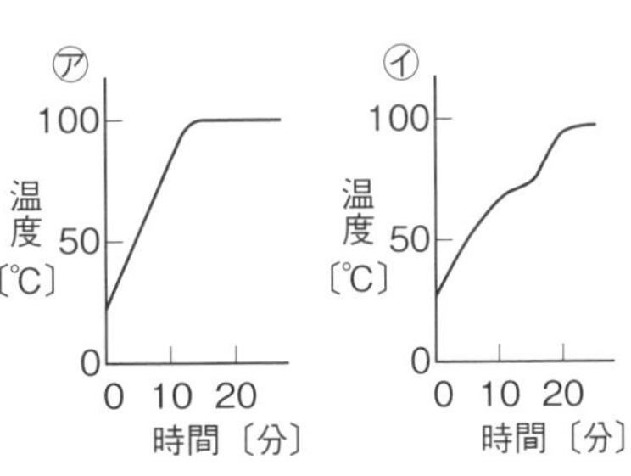

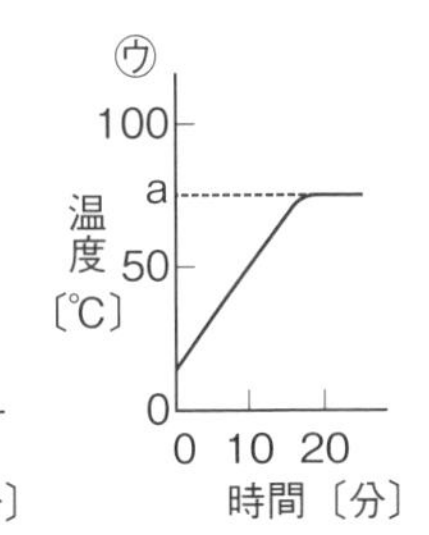

(1) ㋐のグラフの横軸に平行になっている部分の温度を何というか。(　　　　)

(2) ㋐のグラフは，何を加熱したときのグラフか。　(　　　　)

(3) ㋑のグラフは，純粋な物質と混合物のどちらを加熱したときのものか。

(　　　　)

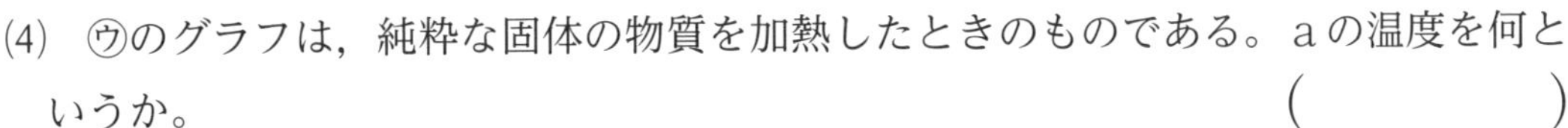

(4) ㋒のグラフは，純粋な固体の物質を加熱したときのものである。aの温度を何というか。　(　　　　)

単元2 物質のすがた

4章 水溶液

① 物質の溶解と粒子

テーマ 水溶液　溶質　溶媒　溶解　溶液

教科書のまとめ

□水溶液（すいようえき） ▶水に物質が溶けた液体で透明（とうめい）である。

例水に砂糖が溶けた液体は砂糖水で，無色で透明(透き通っている)。

水に硫酸銅（りゅうさんどう）が溶けた液体は硫酸銅水溶液で，青色で透明。

□溶質 ▶水溶液に溶けている物質。

例砂糖水の溶質は砂糖，硫酸銅水溶液の溶質は硫酸銅。

注意

溶質は固体とは限らない。エタノール水溶液の溶質は液体のエタノール，塩酸の溶質は気体の塩化水素である。

□溶媒 ▶溶質を溶かしている液体。

□溶解 ▶溶質が溶媒に溶ける現象。

□溶液 ▶溶質が溶媒に溶けた液体。溶媒が水の溶液を水溶液という。

やってみよう

コーヒーシュガーが水に溶けるようすをモデルで表してみよう

コーヒーシュガーが水に溶けた後(ショ糖の水溶液)のようすをモデルで表してみよう。

コーヒーシュガー(固体)が水に溶けるようす

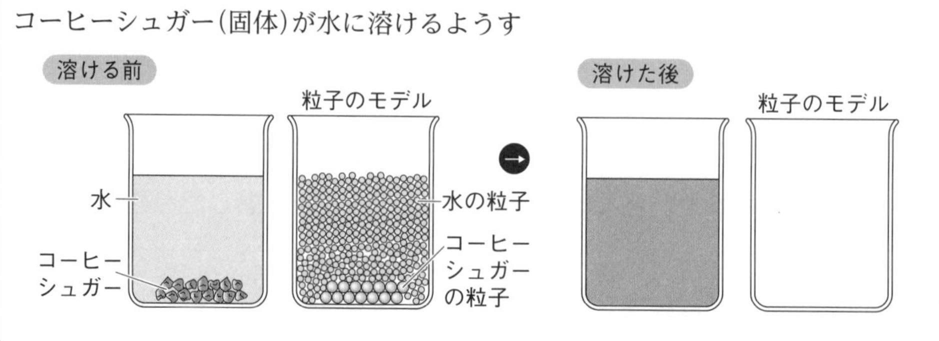

やってみようのまとめ

水の粒子を○，砂糖の粒子を●で表すと，コーヒーシュガーが水に溶けるようすは，右の図のように表すことができる。

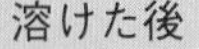

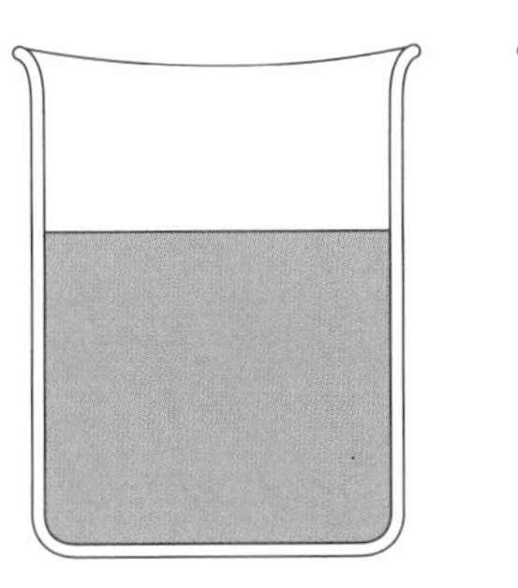

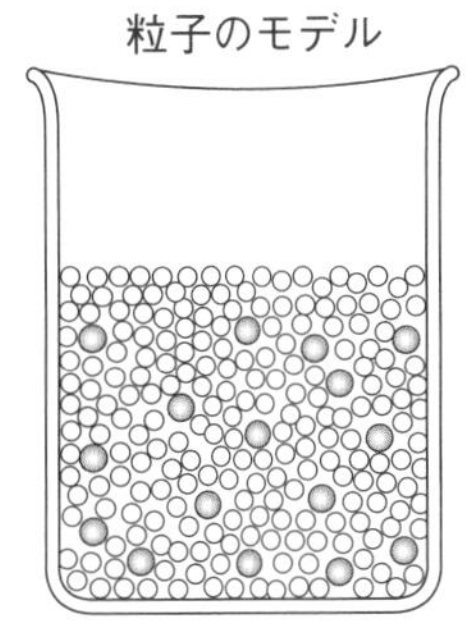

コーヒーシュガーが水に溶けるとき，集まっていた粒子がばらばらに分かれ，水の粒子の間に入り込んでいく。ばらばらになった溶質の粒子は，水の粒子の中を散らばって動き回ることで，自然に全体に広がっていき，均一になる。このとき，コーヒーシュガーの粒子だけでなく，溶媒である水の粒子も同じように動き回っている。

コーヒーシュガーの粒子が水溶液の中で均一に散らばると，時間がたっても容器の底に沈むことがない。

コーヒーシュガーが水に溶けるようす

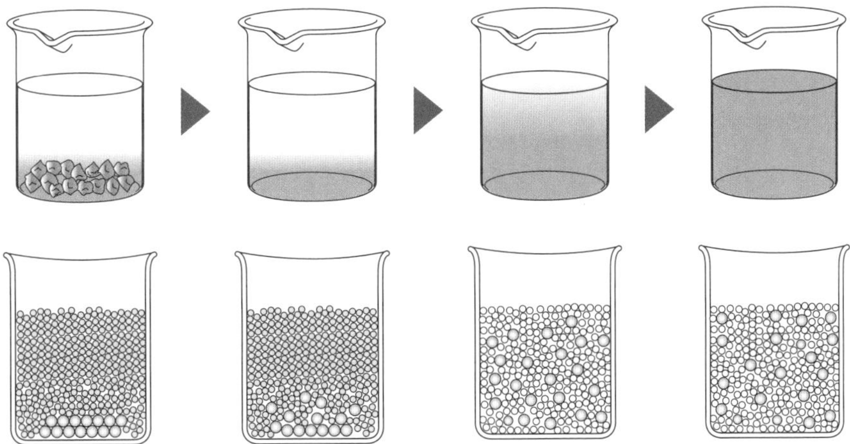

Science Press

生活排水をきれいにする

私たちが生活をする上で，水は欠かせないものである。
生活で出る洗濯（せんたく）や食器洗いなどの排水（はいすい）を直接川に捨てると，川が汚れてしまい，自然の力だけでは，なかなかきれいにならない。
このため，水処理センターなどで人工的に水をきれいにしている。

（水処理のしくみ）

❶ 生活排水や工場から出る排水は，下水道管を通って水処理センターに送られ，大きなゴミをとり除かれる。
❷ 池にため，底に沈むものを沈殿させてとり除く。
❸ 微生物を混ぜてかき混ぜ，微生物のはたらきで汚れを分解(→３年生)する。
❹ 塩素で消毒してから，川や海に戻す。

❷ 溶解度と再結晶

テーマ　ろ過　溶解度　飽和　飽和水溶液　結晶　再結晶

教科書のまとめ

□溶解度 ▶一定量(ふつうは100g)の水に溶ける物質の最大の量。溶解度は溶質の種類ごとに決まった値となり，温度によって変化する。溶質の溶解度と温度の関係を示したグラフを溶解度曲線という。

□飽和 ▶物質が溶解度まで溶けている状態。

□飽和水溶液 ▶物質が溶解度まで溶けている水溶液。

□結晶(けっしょう) ▶規則正しい形の固体。結晶中では物質の粒子が規則正しく並んでいる。

□再結晶(さいけっしょう) ▶一度溶媒に溶かした物質を再び結晶としてとり出すこと。純粋(じゅんすい)な物質が得られる。

教科書 p.122 基本操作

ろ過

❶ ろ紙の折り方
ろ紙は下の図のように折り，円すい形に開く。

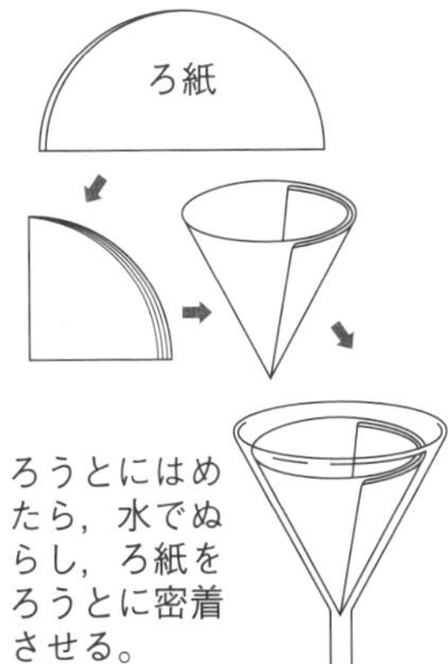

❷ 液の注ぎ方⇨✖1
ガラス棒を伝わらせながら，少しずつ注ぐ。

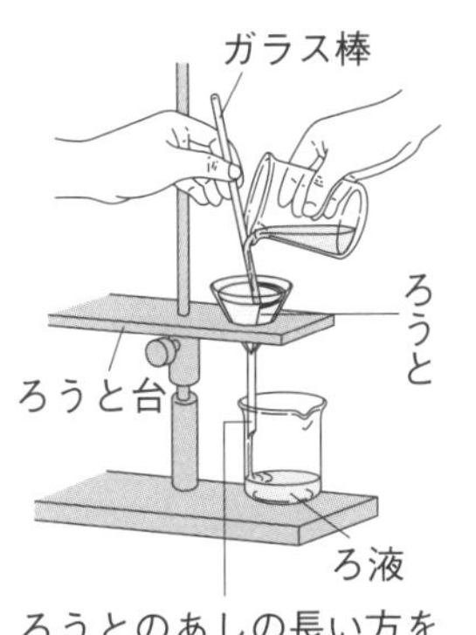

ろ過のしくみ
ろ紙の隙間(すきま)よりも小さなものは通り抜(ぬ)けるが，隙間よりも大きなものは通り抜けられない。

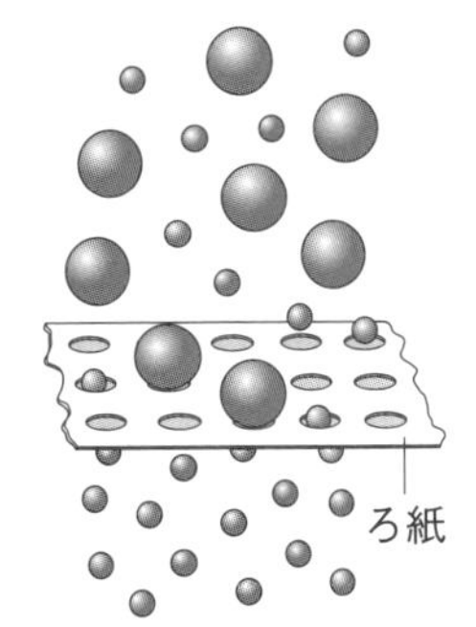

✖1 コツ ろ紙の中央は破れやすいので，ガラス棒をろうとの側面にあてる。

実験のガイド

実験5 再結晶

❶ 物質を水に溶かす。

硝酸カリウム，食塩をそれぞれ3gずつ試験管に入れ，5gの水を加えて溶かす。⇨1

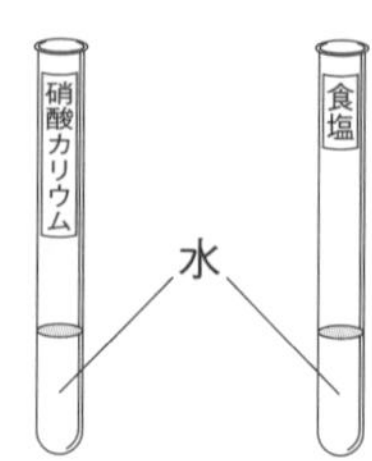

❷ 水溶液を熱する。

70℃くらいの湯を用意して，試験管を湯につけ，硝酸カリウムと食塩を溶かす。

⇨2

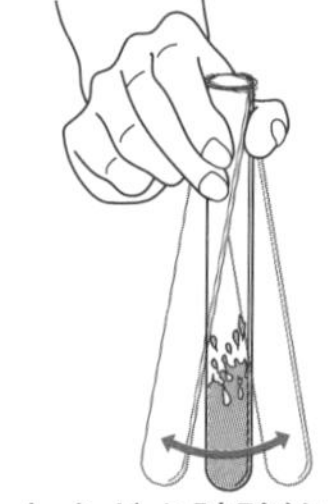

ときどき試験管を振(ふ)るようにして混ぜる。

❸ 水溶液を冷やす。

❷の水溶液を別の試験管に約2mLとって冷水で冷やす。溶けきらないものは，上澄(うわず)みの部分を約2mLとって冷水で冷やす。

溶質が現れたら❹へ

❹ ろ過する。

❸で溶質が現れたら，ろ過して固体を分け，得られた固体のようすを観察する。

溶質が現れなければ❺へ

❺ 水を蒸発させる。

試験管の中の水溶液をスライドガラスの上に1滴(てき)たらす。水を蒸発させ，ようすを観察する。

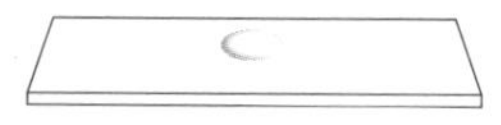

1 注意 保護眼鏡をかける。
2 注意 やけどに注意する。

実験の結果

❶　硝酸カリウムも食塩も，水には溶けきらなかった。

❷　70℃くらいにあたためると，硝酸カリウムは溶解度が大きくなるので，すべて溶かすことができた。食塩水は溶け残りができた。

❸❹　硝酸カリウムの水溶液を冷やしていくと，針状の固体が現れた。食塩水を冷やしても，変化がなかった。

❺　食塩水の水を蒸発させると，白い固体が現れた。

結果から考えよう

①ろ過して得られた固体は，何だと考えられるか。

→硝酸カリウムの水溶液を冷やすと，針状の固体が現れたことから，針状の固体は硝酸カリウムである。

②水を蒸発させて現れた固体は，何だと考えられるか。また，この水溶液を冷やしても，固体が現れなかったのはなぜだと考えられるか。

→❺で水溶液の水を蒸発させると，白い固体が現れたことから，この白い固体は食塩と考えられる。冷やしても固体が得られなかったのは，食塩は決まった量の水に溶ける限度の量が，温度によってあまり変わらないからである。

右の図のように，塩化ナトリウム(食塩の主成分)は，温度が変わっても溶解度があまり変化しないため，食塩水を冷やしても溶質が現れない。温度による溶解度の差が大きい物質ほど，現れる結晶の量は多い。

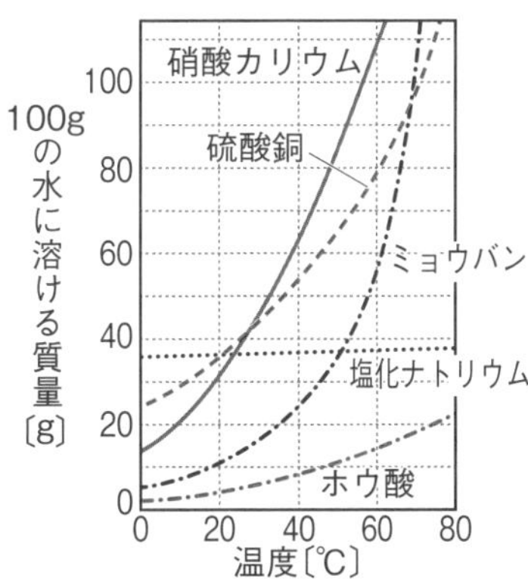

教科書 p.125 例題

教科書p.125の表1やp.124の図6から，次の問いに答えなさい。

❶　20℃の水100gに塩化ナトリウム40gを入れたとき，全て溶けきるか。

❷　40℃の水100gに硝酸カリウムを溶けるだけ溶かして，硝酸カリウムの飽和水溶液をつくった。この飽和水溶液を20℃まで冷やすと，何gの硝酸カリウムが結晶として出てくるか。

解答例

❶ 20℃のときの縦軸(たてじく)を読みとり，40gと比べる。

右の溶解度曲線や教科書p.125の表1から，20℃の水100gに溶ける塩化ナトリウムは35.8gであるとわかる。

答え　溶けきらない。

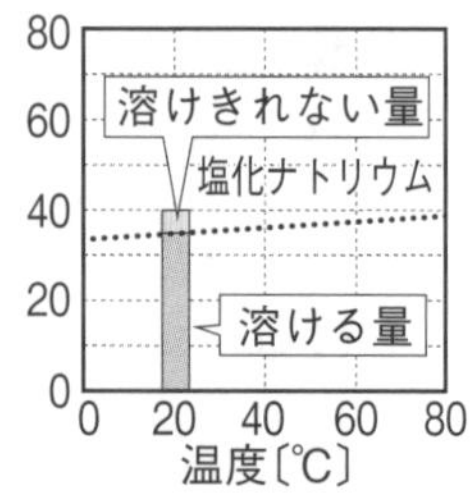

❷ 40℃のときと20℃のときの縦軸の数値差が，再結晶で得られる量である。

40℃の水100gには，硝酸カリウムは63.9gまで溶ける。20℃の水100gには，31.6gまでしか溶けないから，

63.9g−31.6g＝32.3g

答え　32.3g

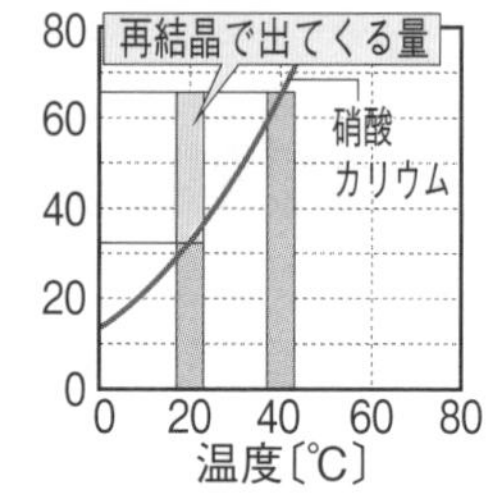

教科書 p.125

やってみよう

塩化アンモニウムの雪を降らせてみよう

❶ 70℃の水40gと塩化アンモニウム20gをビーカーに入れ，塩化アンモニウムを全て溶かす。溶けきらないときは，70℃くらいの湯につける。⇨※1

❷ 室温で冷やしながら，ようすを観察する。⇨※2

※1 注意・換気(かんき)を行う。
・やけどに注意する。
・保護眼鏡をかける。

※2 コツ 塩化アンモニウムの水溶液を試験管などの背の高い容器に移すと，観察しやすい。

やってみようのまとめ

水溶液を冷やしていくと，右の図のように，溶けきれなくなった塩化アンモニウムの白い結晶が出てくる。この再結晶で得られる結晶は星のような形をしていて，試験管の底から固まるようにして現れるのではなく，溶液の中から急に現れる。試験管の中では対流が起こっているため，結晶が上へ下へ動き，雪が降っているように見える。

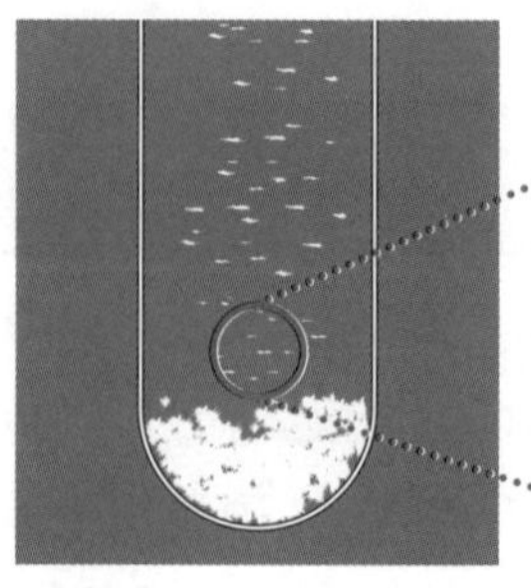

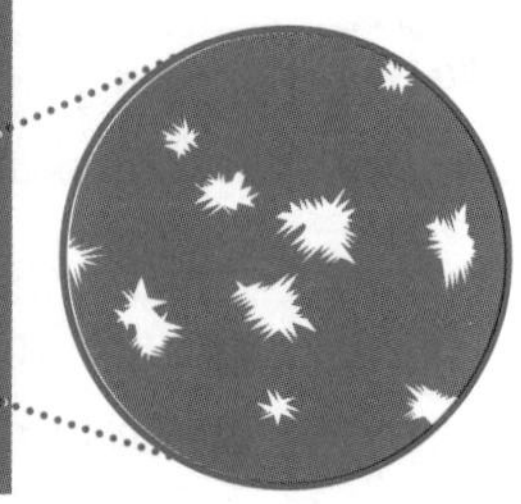

水溶液の濃度

テーマ　濃度　質量パーセント濃度

教科書のまとめ

□濃度（のうど）　▶水溶液の濃さ。水溶液に対する溶質の割合で表す。

□質量パーセント濃度　▶水溶液の質量に対する溶質の質量の割合を百分率(%)で表したもの。

$$\text{質量パーセント濃度}=\frac{\text{溶質の質量〔g〕}}{\text{水溶液の質量〔g〕}}\times 100$$

$$=\frac{\text{溶質の質量〔g〕}}{\text{水(溶媒)の質量〔g〕}+\text{溶質の質量〔g〕}}\times 100$$

知識 糖度

液体中の砂糖の質量パーセント濃度を糖度とよぶこともある。糖度計で調べられる。

教科書 p.127

演習 砂糖水ⓐとⓑではどちらが濃いか，質量パーセント濃度で比べなさい。

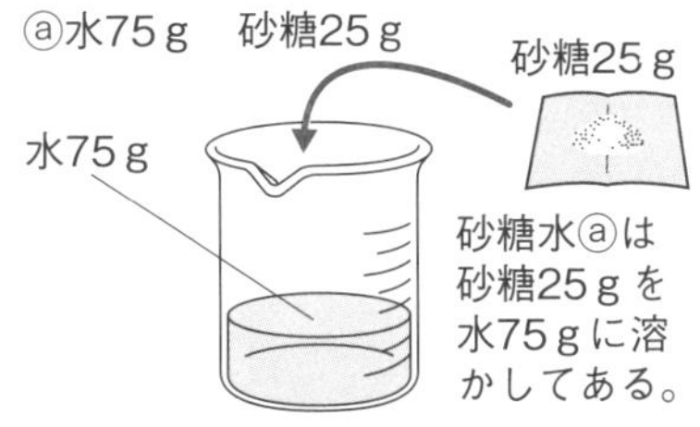

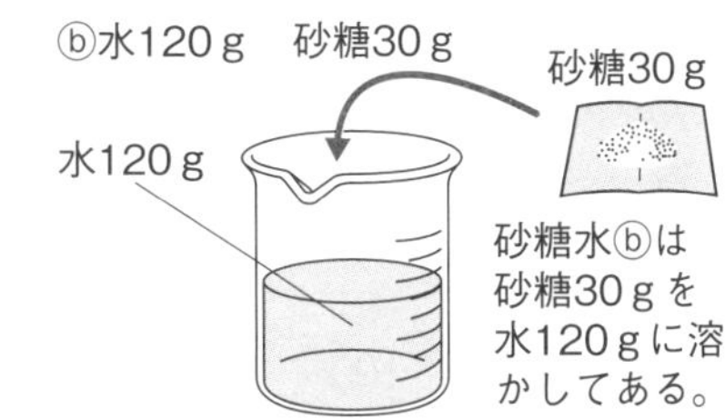

演習の解答　ⓐ25%，ⓑ20%なので，ⓐの方が濃い。

考え方　水溶液の質量に対する溶質の質量の割合を百分率(%)で表したものを質量パーセント濃度といい，値が大きいと“濃い”水溶液である。

$$\text{砂糖水ⓐの質量パーセント濃度}=\frac{25\text{g}}{75\text{g}+25\text{g}}\times 100=25\rightarrow 25\%$$

$$\text{砂糖水ⓑの質量パーセント濃度}=\frac{30\text{g}}{120\text{g}+30\text{g}}\times 100=20\rightarrow 20\%$$

章末問題

①水に物質が溶けた液体のことを何というか。
②飽和(ほうわ)水溶液とはどのような水溶液のことか。
③水に溶けた物質を再び結晶としてとり出すことを何というか。
④３％の食塩水(塩化ナトリウムの水溶液) 1 kgに溶けている塩化ナトリウムの質量は何gか。

①水溶液
②物質が溶解度まで溶けている水溶液のこと。
③再結晶
④30g

①溶媒が水であるときは，水溶液という。
②物質が溶解度まで溶けている状態を飽和といい，このときの水溶液を飽和水溶液という。
③一度物質を溶かし，再び結晶としてとり出すことを再結晶という。
④質量パーセント濃度〔%〕$=\frac{\text{溶質の質量〔g〕}}{\text{水溶液の質量〔g〕}}\times 100$　であるから

溶質の質量〔g〕＝水溶液の質量〔g〕$\times\frac{\text{質量パーセント濃度}}{100}$

で求められる。また，1 kg＝1000gより，求める塩化ナトリウムの質量は

$1000〔g〕\times\frac{3}{100}=30〔g〕$

テスト対策問題

解答は巻末にあります。

時間30分 /100

1 図のように水に食塩を溶かして食塩水をつくった。次の問いに答えよ。 8点×3(24点)

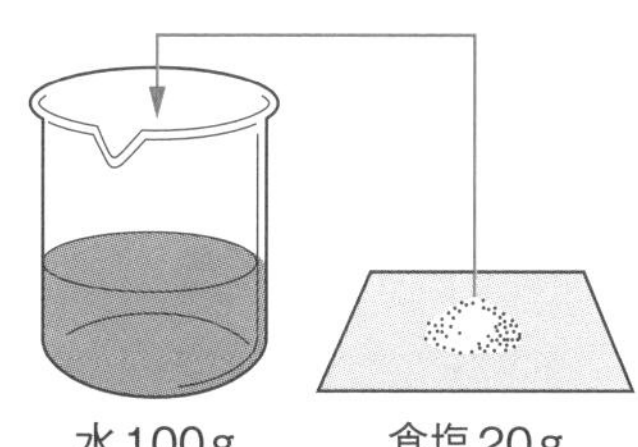

(1) この水溶液中の食塩のように，水に溶けている物質を何というか。 (　　　)

(2) 食塩を溶かしている水を何というか。 (　　　)

(3) 100gの水に20gの食塩を溶かしたとき，食塩水の質量は何gになるか。 (　　　)

2 右の図は，食塩とミョウバンの100gの水に溶ける質量と水溶液の温度の関係を表した溶解度曲線である。次の問いに答えよ。 8点×5(40点)

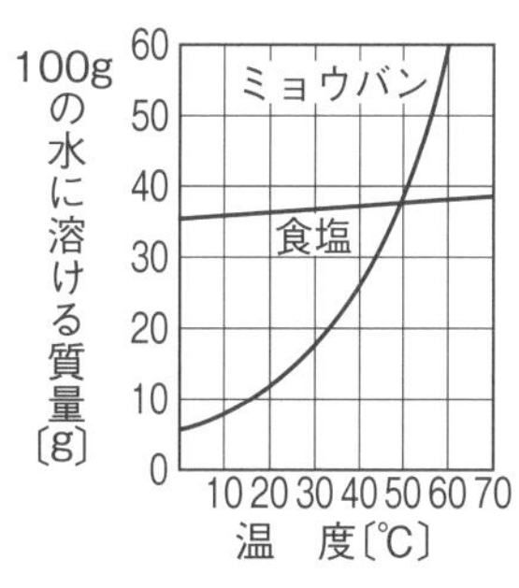

(1) 水の温度が次のとき，100gの水に溶ける質量は食塩とミョウバンのどちらが多いか。

①20℃(　　　)　②40℃(　　　)

③60℃(　　　)

(2) 60℃の水50gにミョウバンを15g入れて溶かした。これを冷やしていくと，何℃から何℃の間で結晶が出始めるか。次のア〜ウから選べ。 (　)

ア　20℃〜30℃　　イ　30℃〜40℃　　ウ　40℃〜50℃

(3) (2)のように，一度溶かした物質を再び結晶としてとり出すことを何というか。 (　　　)

3 水溶液の濃度について，次の問いに答えよ。 9点×4(36点)

(1) 次のような砂糖水A〜Cをつくった。最も濃い砂糖水はどれか。 (　)

A　水80gに砂糖20gを溶かした砂糖水

B　水75gに砂糖25gを溶かした砂糖水

C　水37gに砂糖13gを溶かした砂糖水

(2) 18％の食塩水が200gある。この食塩水に含まれている食塩は何gか。 (　　　)

(3) ５％の食塩水をつくるには，５gの食塩を何gの水に溶かせばよいか。 (　　　)

(4) 36％の濃い塩酸を水に加えて，１％のうすい塩酸を360gつくりたい。この濃い塩酸何gを何gの水に加えればよいか。 (　　　)

単元2 物質のすがた

探究活動 課題を見つけて探究しよう

メダルの謎

テーマ 密度

教科書のまとめ

□密度	▶一定の体積当たりの質量。 密度〔g/cm^3〕＝$\dfrac{物質の質量〔g〕}{物質の体積〔cm^3〕}$

教科書 p.128 やってみよう

メダルの謎

❶ メダルはどのような物質でできているのか，考える。

❷ メダルが予想した物質でできているかを調べる実験をする。
必要な道具，順序，安全かどうかなどについて考える。

❸ 結果や考えたことをまとめ，予想と結果を比べる。

① 調べたメダルは予想した物質でできていたと考えられるか。

② 予想とちがっていた場合，メダルは何でできていると考えられるか。

予想した物質：

予想した物質の密度 ＿＿＿＿＿＿ g/cm^3

メダルの体積 ＿＿＿＿＿＿ cm^3，　メダルの質量 ＿＿＿＿＿＿ g

メダルの密度 ＿＿＿＿＿＿ g/cm^3

気がついたこと：

やってみようのまとめ

市民マラソン大会の金メダルについて

予想した物質：金

予想した物質の密度　19.30　g/cm³

メダルの体積　約23　cm³，メダルの質量　約200　g

メダルの密度　約8.70　g/cm³

気がついたこと：金でできていたら，もっと重く，密度も大きいはずである。

結果から考えよう

1．調べたメダルは予想した物質でできていたと考えられるか。

→金メダルは，金だけではできていない。

2．予想とちがっていた場合，メダルは何でできていたと考えられるか。

→銅の密度は8.96g/cm³であり，メダルの密度8.70g/cm³に近いことからも，金メダルは，金よりも銅を多く使ってつくられていると考えられる。実際のスポーツ大会やコンクールなどの金メダルは，真(しん)ちゅうという銅と亜鉛の合金など，金以外の金属を使ってつくられ，表面を少量の金で覆っていることが多い。

振り返ろう

メダルを調べたときの手順を振(ふ)り返って，身のまわりのものの密度を調べてみる。教科書p.90の表１の値と比べると，身のまわりのものが何でできているのか予想しやすくなる。

単元末問題

1 ガスバーナーの使い方

ガスバーナーについて，次の問いに答えなさい。

①ア～オは，ガスバーナーに火をつけるときの方法を示している。正しい順に並べなさい。

ア ガスの元栓を開き，コックも開く。

イ ガス調節ねじを押さえ，空気調節ねじを少しずつ開いて青い炎にする。

ウ マッチに火をつけ，ガス調節ねじを少しずつ開いて点火する。

エ ガス調節ねじと空気調節ねじが閉まっているか確認する。

オ ガス調節ねじを回して炎の大きさを調節する。

②ガスバーナーの炎が赤色で長く立ち上るときは，何の量が不足しているときか。

③②のとき適正な炎にするためには，図のａ，ｂのどちらのねじを回せばよいか。また，そのとき回す方向はア，イのどちらか。

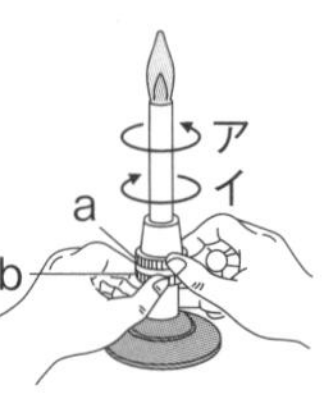

解答
①エ→ア→ウ→オ→イ
②空気
③ねじ：ａ　　回す方向：ア

考え方 ③ａは空気調節ねじ，ｂはガス調節ねじである。アはねじを開く方向，イは閉める方向である。ガス調節ねじを押さえながら空気調節ねじをアの方向に回して空気を適量入れ，赤色の炎を適正な青色にする。

2 有機物と無機物

次の①～⑫の物質を，有機物と無機物に分けなさい。

①酸素　②アルミニウム
③エタノール　④砂糖　⑤食塩
⑥プラスチック　⑦ガラス
⑧プロパン　⑨紙　⑩ろう
⑪鉄　⑫水

解答
有機物：③④⑥⑧⑨⑩
無機物：①②⑤⑦⑪⑫

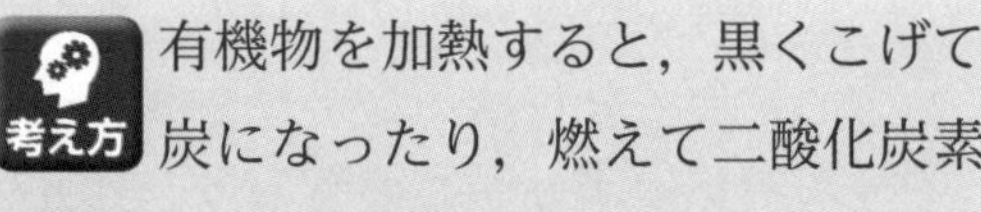

考え方 有機物を加熱すると，黒くこげて炭になったり，燃えて二酸化炭素を発生したりする。

3 密度

メスシリンダーと電子てんびんで物体の密度を測定する実験を行った。次の問いに答えなさい。

①メスシリンダーを使って液体の体積を測定するとき，正しい測定方法は，目の位置が次のア～ウのどの位置にあるときか，答えなさい。

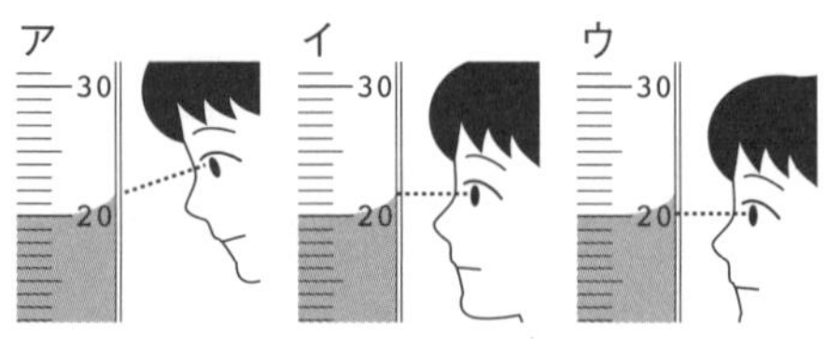

②ある物体の体積は6.0cm^3，質量は47.4gであった。この物体の密度を求めなさい。

③②の物体の物質名を表から答えなさい。

④②の物体と同じ体積のアルミニウムでできた物体があった。この物体の質量を求めなさい。

物質の密度〔g/cm³〕

物質	密度
金	19.30
銀	10.49
銅	8.96
鉄	7.87
アルミニウム	2.70
水	1.00
エタノール	0.79

解答 ①ウ

②7.9g/cm^3

③鉄

④16.2g

考え方 ①測定しようとする液体の最も低い面の目盛りを真横から最小目盛りの$\frac{1}{10}$まで目分量で読みとる。

② $\frac{47.4\text{g}}{6.0\text{cm}^3}=7.9\text{g/cm}^3$

④体積は6.0cm^{3}なので，

$2.70\text{g/cm}^3\times6.0\text{cm}^3=16.2\text{g}$

4 気体の性質

表の気体ア〜エは，酸素，二酸化炭素，水素，アンモニアの4種類の気体のいずれかである。次の問いに答えなさい。

	同体積の空気と比べたときの質量	水に対するる溶けやすさ	水溶液の性質
ア	小さい	溶けにくい	—
イ	少し大きい	溶けにくい	—
ウ	小さい	よく溶ける	アルカリ性
エ	大きい	少し溶ける	酸性

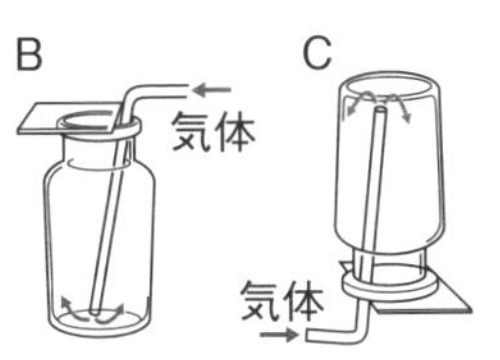

①ア〜エの気体の名前を答えなさい。

②ウの気体を集める方法として適当なものは，A〜Cのどれか。

③エの気体を集める方法として適当でないものは，A〜Cのどれか。

④エの気体を発生させる方法を1つ答えなさい。

解答 ①ア：水素　イ：酸素

ウ：アンモニア

エ：二酸化炭素

②C

③C

④石灰石にうすい塩酸を加える。

考え方 ②水によく溶け，空気よりも密度が小さい(軽い)気体を集める方法は，上方置換法である。

③エの気体は水に少し溶け，空気よりも密度が大きい(重い)ので，水上置換法か下方置換法で集めることができる。

④湯に発泡入浴剤を入れたり，酢にふくらし粉(ベーキングパウダー)を入れたりすることでも二酸化炭素を発生させることができる。貝殻にうすい塩酸を加える，有機物を燃やす，炭酸水を加熱する，などの方法でも，二酸化炭素は発生する。

5 物質の状態変化

図は物質の状態変化をモデルで表したものである。次の問いに答えなさい。

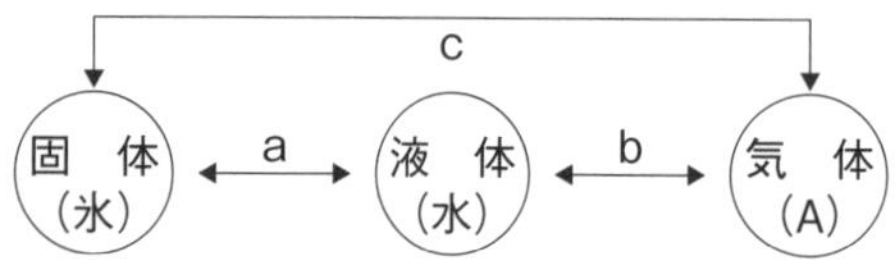

①図の(A)にあてはまる語句を答えなさい。

②状態変化a，bのそれぞれで変化しないものを，次のア〜オの中から選びなさい。

ア 体積　　イ 質量　　ウ 密度

エ 物質の粒子の大きさ

オ 物質の粒子の数

③cのような変化をする物質を1つ答えなさい。

④氷の密度は0.92g/cm^3，水の密度は1.00g/cm^{3}である。このことから，水が氷になると，体積は何倍になるか。小数第1位まで求めなさい。

解答
①水蒸気
②a：イ，エ，オ　b：イ，エ，オ
③二酸化炭素(ドライアイス)
④1.1倍

考え方 ③ドライアイスは二酸化炭素が冷やされて固体となった物質である。

④ $\frac{1.00\text{g/cm}^3}{0.92\text{g/cm}^3}=1.08\cdots$倍

小数第1位まで求めるということは，小数第2位を四捨五入するので，1.1倍となる。

6 状態変化と温度

下のグラフは，ある固体の物質を試験管に入れてゆっくりと加熱したときの，時間と温度変化を表したものである。次の問いに答えなさい。

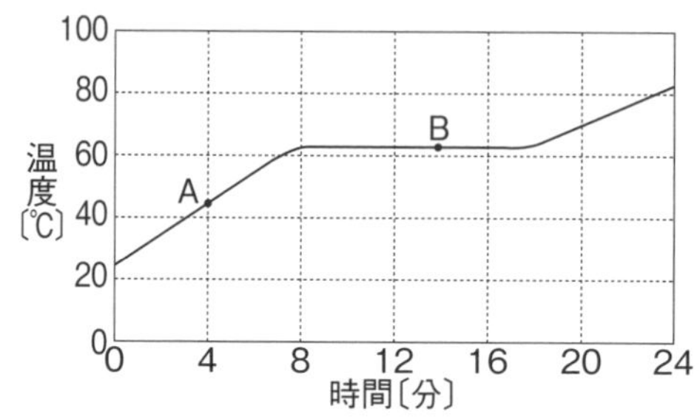

①グラフの点A，点Bで，この物質はそれぞれどのような状態か。次のア〜オから選びなさい。

ア 固体　　イ 液体　　ウ 気体

エ 固体と液体が混ざっている。

オ 液体と気体が混ざっている。

②この固体の物質の量を2倍にし，同じように実験を行った。グラフの平らな部分の温度はどうなるか。次のア〜ウから1つ選びなさい。ただし，加熱の強さは同じものとする。

ア 高くなる　　イ 低くなる

ウ 変わらない

③②のときグラフの傾きと平らな部分の長さはどうなるか。次のア〜ウから1つ選びなさい。

ア 傾きは急になり，平らな部分は短くなる。

イ 傾きは緩やかになり，平らな部分は長くなる。

ウ 傾きも平らな部分も変化はしない。

①A：ア　　B：エ
②ウ
③イ

②物質の量や加熱の強さが変わっても，融点や沸点は変わらない。
③加熱の強さが同じであれば，物質の量が少ない方が早く融点や沸点に達する。また，物質の量が同じであれば，加熱の強さが強いほど早く融点や沸点に達する。やかんに水を入れ，沸騰させることを例にとって考えてみよう。

7 蒸留

右の図のような装置で，赤ワインを加熱する実験を行い，３本の試験管ア，イ，ウの順に液体を集めた。次の問いに答えなさい。

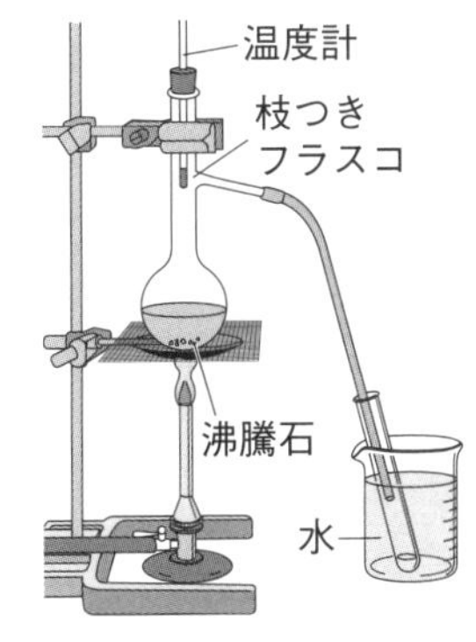

①フラスコに沸騰石を入れるのはなぜか。
②ビーカーに水を入れておくのはなぜか。
③液体を集めた３本の試験管ア，イ，ウの中で，エタノールを最も多く含むのはどれか。
④この実験で火を消す前にゴム管を試験管の液体から抜いておく必要がある。それはなぜか。

①突然沸騰するのを防ぐため。
②加熱されて気体になった物質を冷やして液体にするため。
③ア
④集めた液体の逆流を防ぐため。

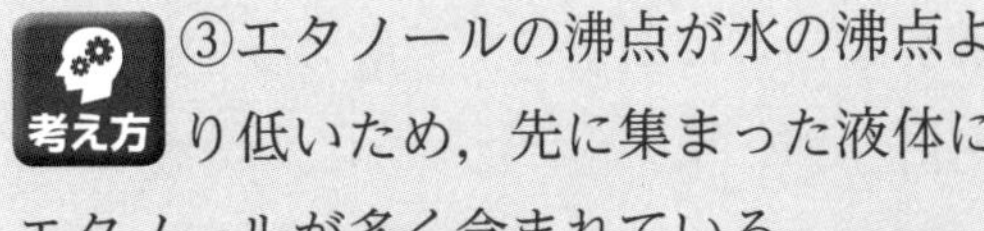
③エタノールの沸点が水の沸点より低いため，先に集まった液体にエタノールが多く含まれている。
④火を消す前に試験管からゴム管を抜いておかないと，集めた液体がフラスコに逆流して危険である。

8 溶解度と再結晶

下のグラフは，硫酸銅，硝酸カリウム，ミョウバン，塩化ナトリウム，ホウ酸が，100gの水に溶ける限度の量と温度の関係を表したものである。次の問いに答えなさい。

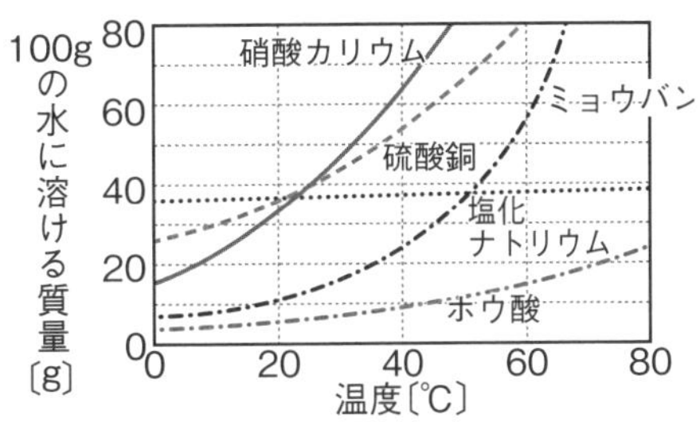

①物質が溶解度まで溶けている水溶液のことを何というか。
②５種類の物質の中で，40℃の水100gに溶ける質量が最も大きいのはどれか。
③60℃の水100gに硫酸銅が80g溶けている。この水溶液の温度が20℃に下がった。何gの硫酸銅が結晶となって出てくるか。

解答
①飽和水溶液
②硝酸カリウム
③44g

考え方 ①物質が溶解度まで溶けている水溶液を飽和水溶液という。飽和水溶液にさらに溶質を入れても溶かすことはできない。

②図のグラフから判断する。40℃の水100gに溶ける質量は，硝酸カリウムが約64g，硫酸銅が約54g，塩化ナトリウムが約36g，ミョウバンが約24g，ホウ酸が約9gである。

③硫酸銅が20℃の水100gに溶ける量はグラフより，約36gと読める。したがって，結晶となって出てくる硫酸銅の量は，

80g－36g＝44g

なお，グラフの読み方により，±１gは正解とする。グラフより，約35g，約37gと読んだ場合，結晶となって出てくる硫酸銅の量は，それぞれ45g，43gとなる。

9 水溶液の濃度

水溶液の濃度について，次の問いに答えなさい。

①次の２種類の砂糖水Aと砂糖水Bについて，濃い砂糖水はどちらか。記号で答えなさい。

砂糖水A：水100gに砂糖25gを溶かした砂糖水

砂糖水B：砂糖20gが溶けた砂糖水80g

②質量パーセント濃度が32%の砂糖水200gには何gの砂糖が溶けているか答えなさい。

①B

②64g

①砂糖水Aの質量パーセント濃度は，

$$\frac{25\text{g}}{100\text{g}+25\text{g}}\times100=20 \rightarrow 20\%$$

砂糖水Bの質量パーセント濃度は

$$\frac{20\text{g}}{80\text{g}}\times100=25 \rightarrow 25\%$$

②$200\text{g}\times\frac{32}{100}=64\text{g}$

読解力問題

❶ 溶解度と再結晶

解答
①3.7，20.1
②およそ70℃，飽和している。
③ア
④ウ

考え方 ①教科書p.134の表1より，60℃の水100gに溶ける質量は，ホウ酸は14.9g，硫酸銅は80.5gである。よって，60℃の水25gに溶ける質量はそれぞれ，次のようになる。

ホウ酸：$14.9\text{g}\times\frac{25}{100}=3.725\text{g}$

硫酸銅：$80.5\text{g}\times\frac{25}{100}=20.125\text{g}$

②水を100gとしたとき，$5\text{g}\times\frac{100}{25}=20\text{g}$　のホウ酸が溶ける温度をグラフから読みとる。

③表より，20℃の水25gには，$4.9\text{g}\times\frac{25}{100}=1.225\rightarrow1.2\text{g}$　溶ける。

よって，結晶は，$5-1.2=3.8\text{g}$　得られる。

④硫酸銅の溶解度は，20℃のときが35.7gなので，水100gなら35.7g，水25gなら8.925gまで溶ける。よって，水25gや100gのときに溶かす硫酸銅が5gでは，結晶は得られないが，硫酸銅が15gであれば，結晶は得られる。

単元3 身近な物理現象

1章 光の性質

1 光の進み方とものの見え方

テーマ　光源　光の直進

教科書のまとめ

□光源（こうげん）	▶太陽や電灯のように，自ら光を出しているもの。 例ホタルは自ら発光しているので，光源である。
□光の直進	▶光が真っすぐに進むこと。
□ものの見え方	▶ものを見るときには，光源から出た光を直接見ている場合と，物体に当たってはね返って目に届いた光を見ている場合がある。

実験のガイド

教科書 p.143

光の道筋を調べる実験

入浴剤（にゅうよくざい）を入れた水と線香（せんこう）の煙（けむり）を充満（じゅうまん）させた空気の中に光を通す。⇨1

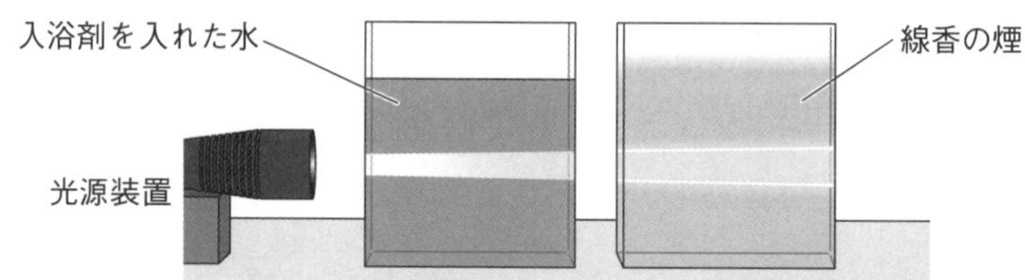

1　注意目をいためることがあるので，光源装置から出た光を直接目に入れないようにする。

実験のまとめ

空気中を進む光の道筋は目には見えないが，入浴剤を入れた水や，線香の煙を充満させた空気の中に光を通すと，光の道筋を見ることができる。

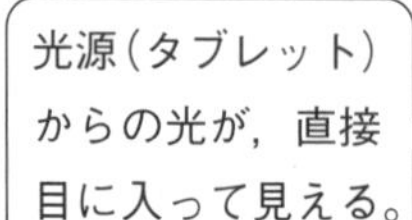

② 光の反射

テーマ　光の反射　入射角　反射角　反射の法則　像　乱反射

教科書のまとめ

□光の反射(はんしゃ)	▶光が物体に当たり，はね返る現象。太陽や電灯などから直進してきた光は，鏡で反射させることができる。
□入射光と反射光	▶反射する前の光を入射光，反射した後の光を反射光という。
□入射角(にゅうしゃかく)と反射角(はんしゃかく)	▶光が反射する面(鏡の面)に垂直(すいちょく)な線と入射光との間の角を入射角，反射光との間の角を反射角という。
□反射の法則	▶物体の表面で光が反射するとき，入射角と反射角の大きさが等しくなること。
□像(ぞう)	▶鏡やスクリーンに映った物体や，凸レンズを通して見た物体のこと。
□乱反射(らんはんしゃ)	▶凸凹(でこぼこ)した面で，光がいろいろな方向に反射する現象。

教科書 p.145

実験のガイド

実験1 光の反射

❶ 紙に鏡を立てる直線をかき，直線に沿って鏡を立てる。

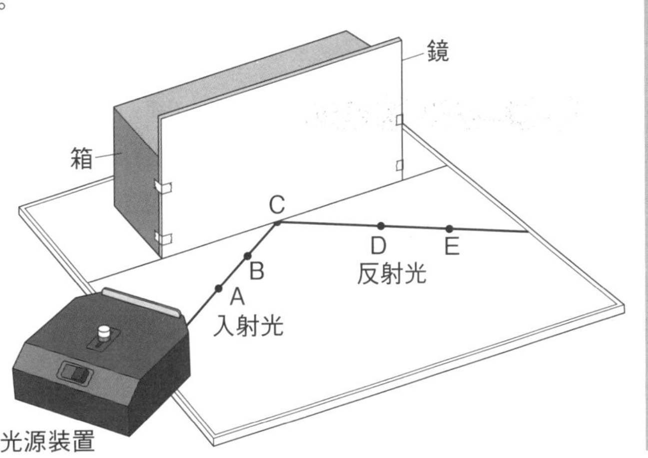

❷　光を鏡に当て，入射光の道筋を記録する。⇨✖1，2
入射光の上にAとBの印をつけ，光が鏡に当たったところにCの印をつける。

❸　反射光の道筋を記録する。
反射光の上にDとEの印をつける。

❹　光の道筋を直線でかく。
❷と❸で記録したA～Eの印を，直線で結ぶ。

入射光を先に決めておく方法

用紙に，あらかじめ入射光の道筋を何本かかいておき，それに沿って点Cに光を当てる。

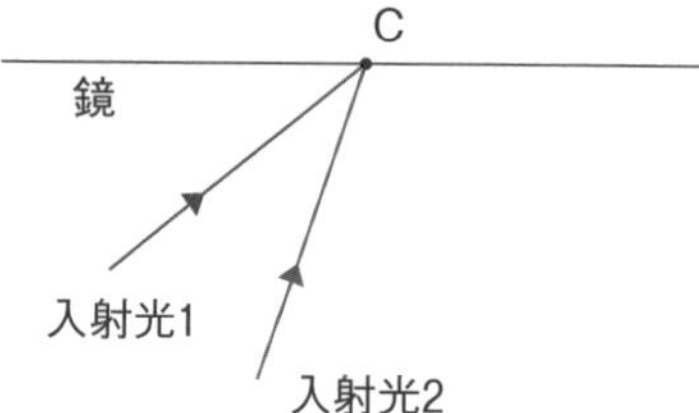

✖1　注意 レーザー光線は目をいためることがあるので，レーザー光源は使わない。
✖2　注意 目をいためることがあるので，光源装置から出た光を直接目に入れないようにする。

実験の結果

・鏡の線と入射光，反射光を記録すると，図①のようになった。
・図②のように，点Cで紙を折ると，入射光と反射光が重なった。
・図②の角アと角イをはかると，ほぼ同じになった。
　∠ア＝∠イ

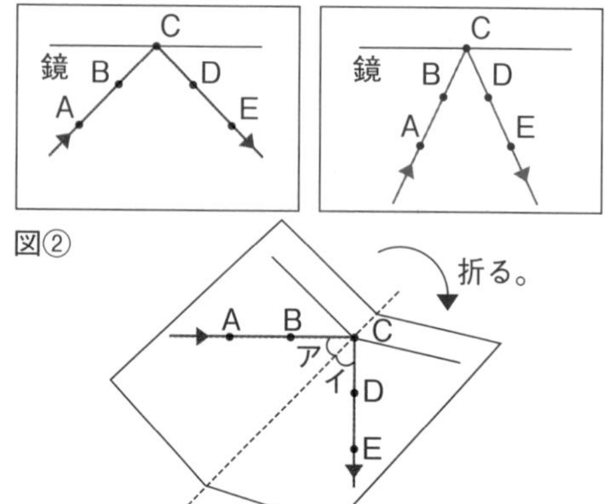

結果から考えよう

入射光と反射光は，どのような関係にあると考えられるか。
→入射光と反射光は，鏡の面に垂直な線に対して対称（たいしょう）になっている。
鏡の面に垂直な線と入射光の間の角は，鏡の面に垂直な線と反射光の間の角と等しいと考えられる。

やってみよう

鏡に映る像の位置を調べてみよう

❶ 紙の上の直線に合わせて鏡を立て，その前に物体を置く。

❷ 鏡を通して見える物体の位置に，❶と同じ形の物体を置く。

❸ 鏡を外して2つの物体の位置関係を調べる。

やってみようのまとめ

鏡に映る像は，鏡の面に対して物体と対称の位置で，反射光の道筋を鏡のほうに延長した直線上に見える。

これは，物体からの光が鏡で反射して目に届くとき，目に入ってきた方向から光が直進してきたと判断するからである。

また，像の位置は，右の図のようにどこから見てもかわらない。

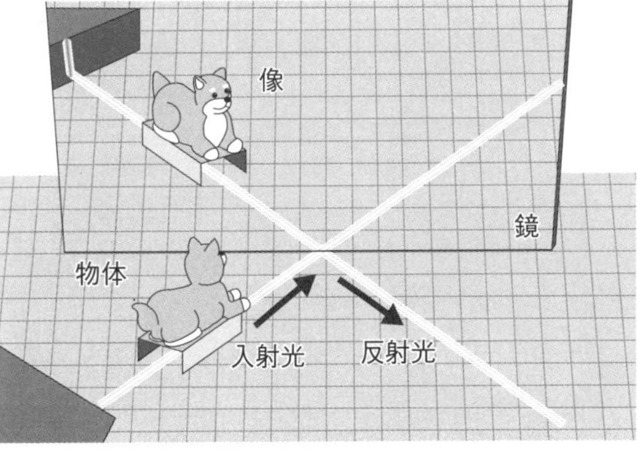

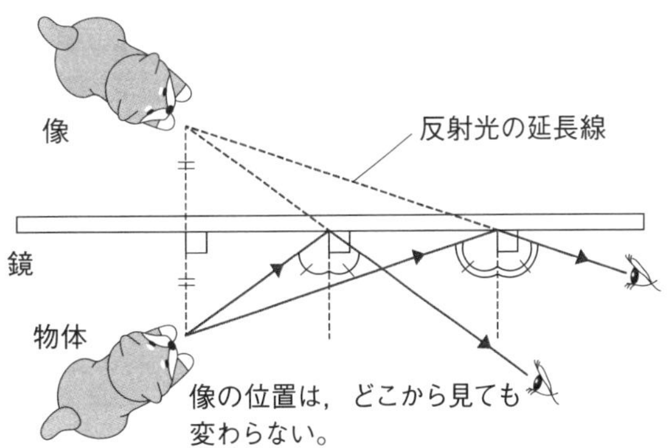

③ 光の屈折

テーマ　光の屈折　屈折角　全反射

教科書のまとめ

□光の屈折 ▶異なる物質の境界面で光が折れ曲がって進む現象。

□屈折光と屈折角 ▶屈折して進む光を屈折光といい，物体の境界面に垂直な線と屈折光との間の角を屈折角という。

□入射角と屈折角の関係 ▶入射角と屈折角には，次のような関係がある。

① 光が空気中からガラスや水に入る場合
入射角 ＞ 屈折角

② 光がガラスや水から空気中に出る場合
入射角 ＜ 屈折角

①
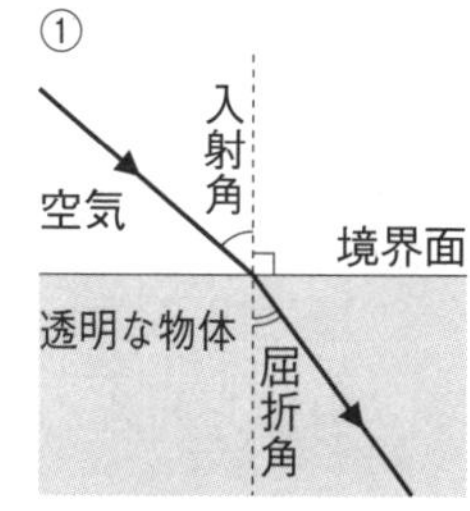

②
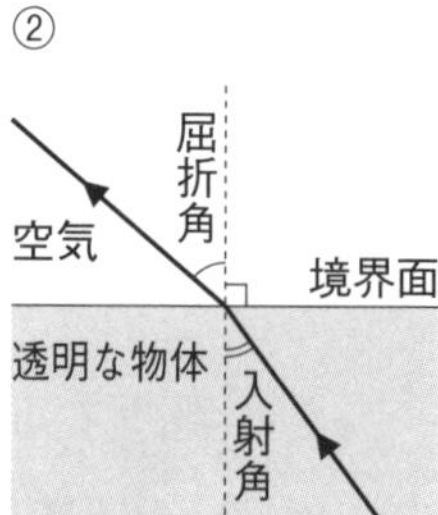

注意
物質の境界面と入射光との間にできる角を入射角，屈折光との間にできる角を屈折角とするまちがいが多いので気をつけよう。物質の境界に垂直な線と入射光，屈折光との間にできる角なので，正確に覚えておこう。

□全反射 ▶光がガラスや水から空気中に出るときなどに，入射角を大きくすると起こる，光が屈折せず，境界面で全て反射する現象。

実験のガイド

実験2 光の屈折

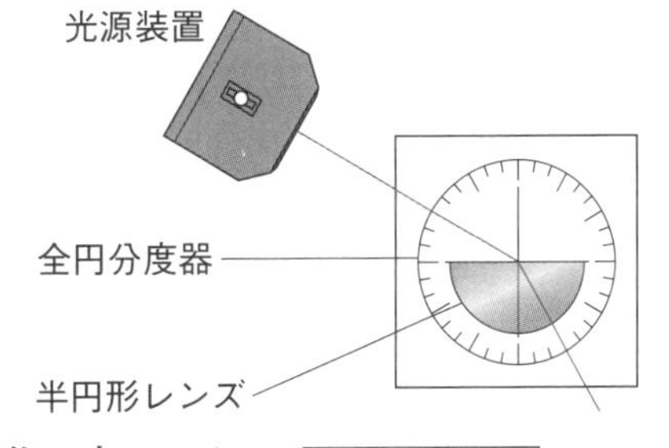

❶ 全円分度器の上に半円形レンズをのせる。

❷ 空気中からガラスに入るときの光の進み方を調べる。⇨※1，2
入射角を0°，30°，60°としたときの屈折角の大きさを記録する。

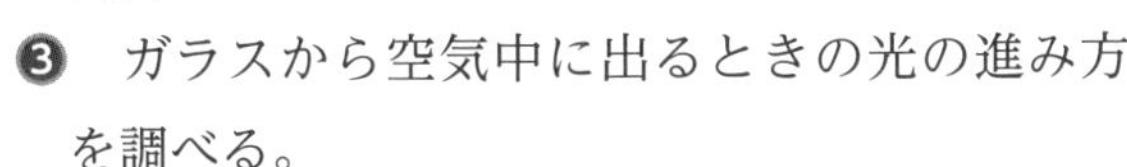

❸ ガラスから空気中に出るときの光の進み方を調べる。
入射角を0°，30°，60°としたときの屈折角の大きさを記録する。

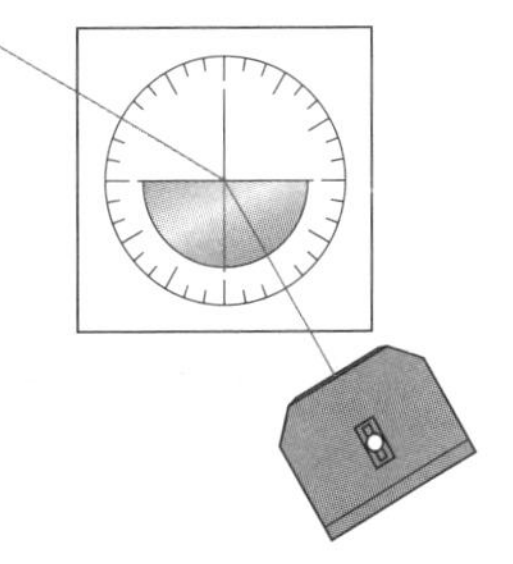

※1 注意・レーザー光線は目をいためることがあるので，レーザー光源は使わない。
・目をいためることがあるので，光源装置から出た光を直接目に入れないようにする。

※2 コツ 光を半円形レンズの中心に当てる。

実験の結果

❷ 光の進む向き　空気中 → ガラス

入射角	0°	30°	60°
屈折角	0°	18°	35°

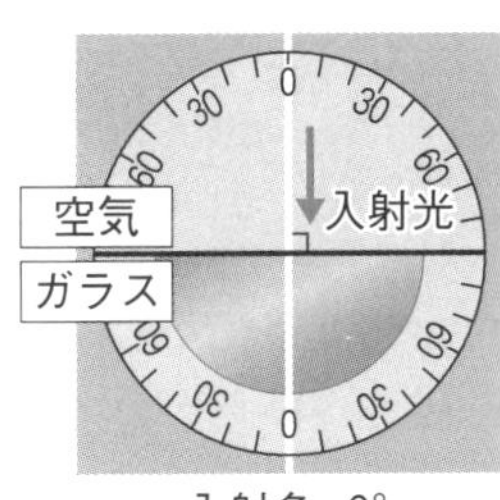

入射角=0°

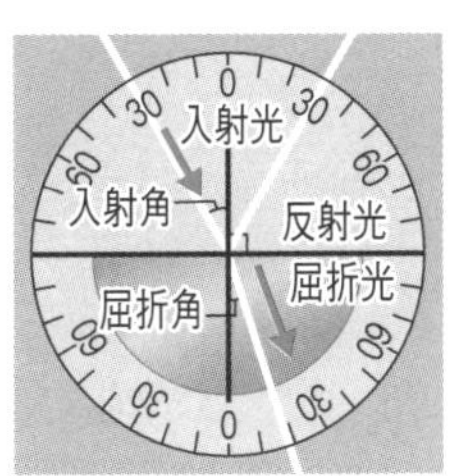

入射角>屈折角

・入射角が0°のときは，光は屈折しないで直進した。

・入射角よりも屈折角の方が小さかった。

❸ 光の進む向き　ガラス　→　空気中

入射角	0°	30°	60°
屈折角	0°	48°	屈折しない。

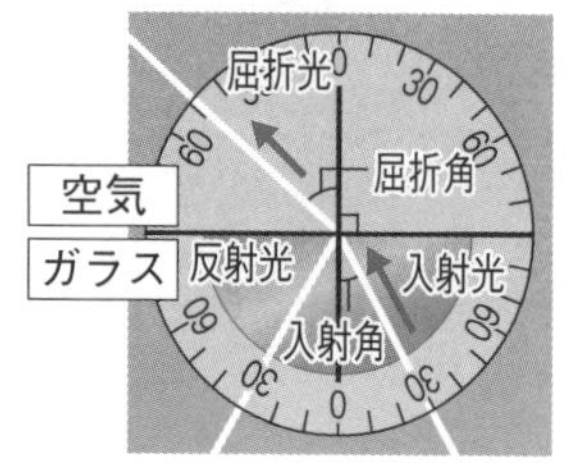

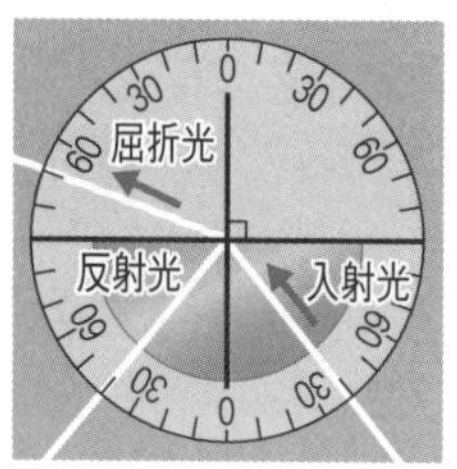

入射角<屈折角

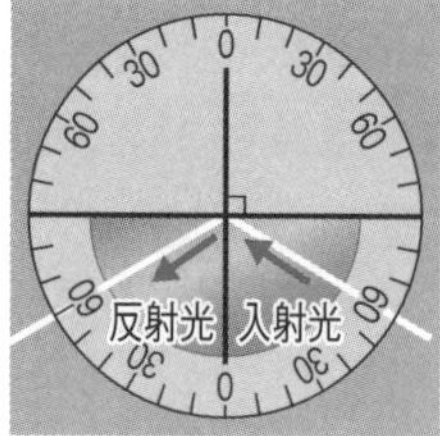

全反射

・入射角よりも屈折角の方が大きかった。

・入射角が60°のとき，屈折せずに反射光だけとなった。

結果から考えよう

①入射角と屈折角の大きさは，どのような関係になっていると考えられるか。

→入射光の進む向きが空気中➡ガラスの場合，入射角よりも屈折角が小さい。

入射角＞屈折角

入射光の進む向きがガラス➡空気中の場合，入射角よりも屈折角が大きい。

入射角＜屈折角

②空気中からガラスに入るときと，ガラスから空気中に出るときで，光の進み方にどのようなちがいがあると考えられるか。

→入射角が同じでも，空気中からガラスに入るときとガラスから空気中に出るときで，屈折角がそれぞれちがう。

入射角を大きくしていくと屈折光は境界面に近づき，屈折角が90°になると，光は屈折をしないで，反射光だけになる。

④ 凸レンズのはたらき

テーマ　凸レンズ　像　焦点　焦点距離　実像　虚像

教科書のまとめ

□凸レンズ　▶中央が厚く膨(ふく)らんでいるレンズ。顕微鏡やカメラ，虫眼鏡やルーペなど。光は凸レンズに入るときと出るときに屈折する。

注意
目をいためるので，絶対に，凸レンズを通して太陽を直接見てはいけない。

□像　▶凸レンズを通して見た物体やスクリーンに映った物体のこと。

□焦点と焦点距離　▶凸レンズの中心を通り，凸レンズの表面に垂直な線を光軸(こうじく)といい，この光軸に平行な光が凸レンズを通って集まる点を焦点(しょうてん)，凸レンズの中心から焦点までの距離を焦点距離(しょうてんきょり)という。

□実像　▶光が実際に集まってできる像。物体が凸レンズの焦点より遠くにあるときにできる。もとの物体とは，上下左右が逆向きになる。

□虚像　▶鏡に映る像や凸レンズなどを通して見える像。物体が凸レンズの焦点より近くにあるときに，凸レンズを通して物体を見ると見える。物体と上下左右が同じ向きで，物体より大きい。実際に光が集まってできた像ではない。

知識
虫眼鏡やルーペや顕微鏡では虚像を見ている。カメラでは，物体から出た光を凸レンズで集めて，映像素子（フィルム）に実像を結んでいる。

教科書 p.155

実験のガイド

実験3 凸レンズによる像

❶ 装置を組み立てる。光学台の中央に凸レンズを固定し，焦点の位置に印をつける。⇨✖1

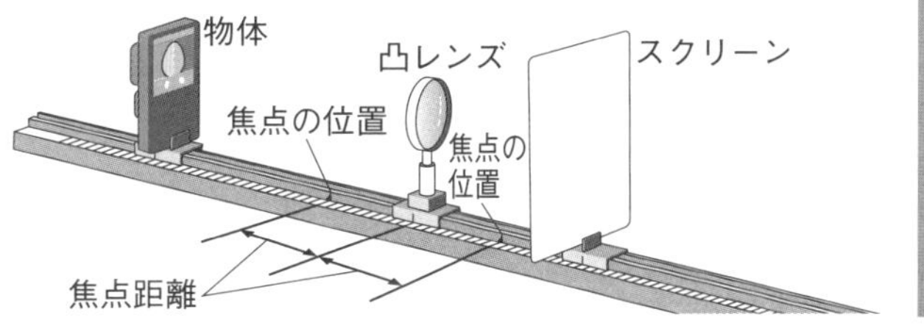

❷　スクリーンにできる像について調べる。
物体を焦点距離の３倍の位置に置いて，はっきりとした像ができるようにスクリーンを動かし，次のⓐ〜ⓒについて調べる。
ⓐ凸レンズと像の距離
ⓑ像の大きさ　　ⓒ像の向き
❸　物体の位置を変えて，スクリーンにできる像を調べる。
物体を，焦点距離の２倍，1.5倍，１倍，0.5倍の位置に置き，❷のⓐ〜ⓒについて調べる。
❹　❸でスクリーンに像ができない場合について調べる。
スクリーンを外し，凸レンズを通して像を見て，❷のⓑとⓒについて調べる。

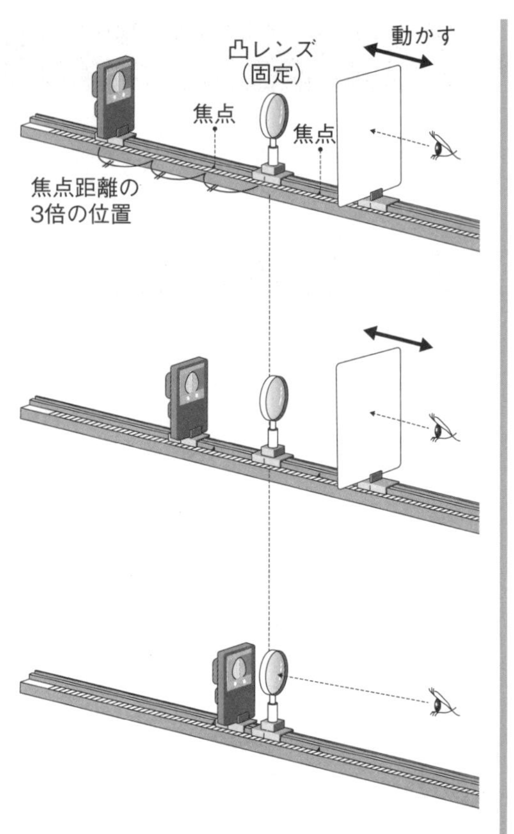

※1 コツ 物体に文字を書いておくとピントが合わせやすい。

実験の結果

凸レンズの焦点距離が10cmの場合，表のような結果になった。

物体の位置	凸レンズと物体の距離	凸レンズと像の距離	実物と比べた像の大きさ	実物と比べた像の向き
焦点距離の３倍の位置	30cm	15cm	小さい	上下左右が逆向き
焦点距離の２倍の位置	20cm	20cm	同じ	上下左右が逆向き
焦点距離の1.5倍の位置	15cm	30cm	大きい	上下左右が逆向き
焦点の位置	10cm	はかれない。	像はできない。	ー
焦点距離の0.5倍の位置	5cm	はかれない。	大きい	上下左右が同じ向き

焦点距離の0.5倍の位置のときは，スクリーンに像はできずに，凸レンズを通して像が見えた。

結果から考えよう

①物体と凸レンズを近づけると，像の位置や大きさはどのようになると考えられるか。

→物体と凸レンズの距離が近くなるほど，スクリーンにできる像は凸レンズから遠ざかり，大きくなる。

②スクリーンにできる像の大きさや向きは，どのようになると考えられるか。

→物体が焦点の位置より遠いときは，上下左右が物体と逆向きの像がスクリーンに映る。

③凸レンズを通して見た像の大きさや向きは，どのようになると考えられるか。

→物体が焦点の位置より近いときは，スクリーンに像はできない。このとき凸レンズを通して見える像は，物体より大きく，上下左右は物体と同じである。

教科書 p.156〜157

基本操作

実像の作図の方法

❶ 光の道筋ア，イ，ウのうち，2本をかく。

❷ 光の道筋が交わるところに，像をかく。

虚像の作図の方法

❶ 光の道筋アとイをかく。

❷ 光の道筋アとイの延長線(点線)が交わるところに，像をかく。

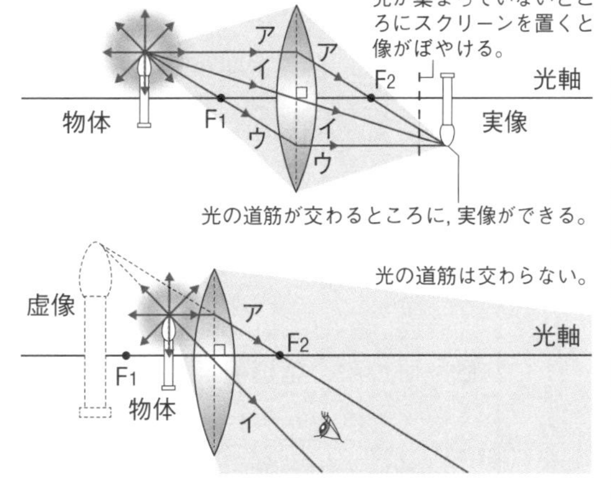

例題

物体の位置が，図の❶〜❺の場合にできる像を作図しなさい。

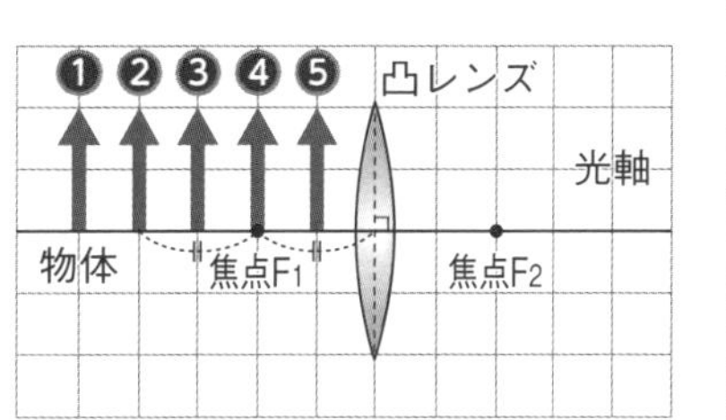

❶ 物体と凸レンズの距離が焦点距離の2倍より遠いとき

❷ 物体と凸レンズの距離が焦点距離の2倍のとき

❸ 物体と凸レンズの距離が焦点距離の2倍より近いとき

❹ 物体が凸レンズの焦点にあるとき

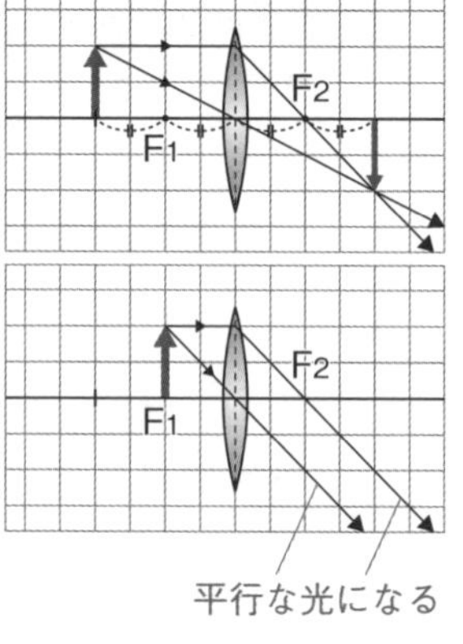

平行な光になる

❺ 物体と凸レンズの距離が焦点距離より近いとき

教科書 p.159

やってみよう

目の模型をつくってみよう

❶ 一方の小型透明半球にやすりをかけて，表面をくもらせる。

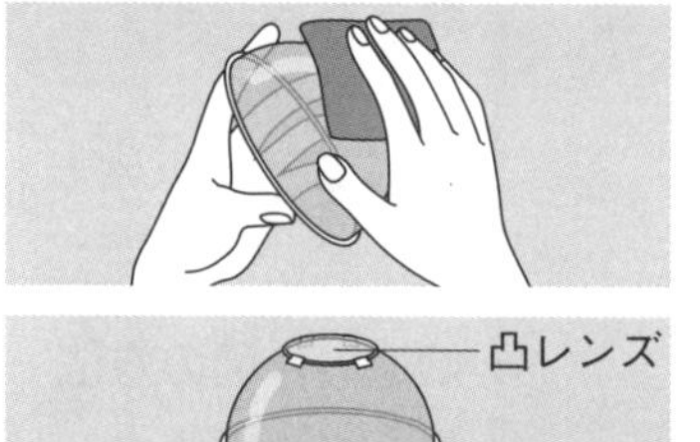

❷ もう一方の小型透明半球に凸レンズをテープでとめる。

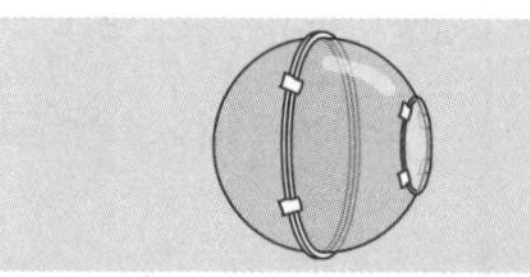

❸ 2つの小型透明半球を，テープでとめる。 ⇨1

→教室の中や外の風景を，目の模型に映す。

1 注意 目をいためるので，絶対に，凸レンズを通して太陽を直接見てはいけない。

やってみようのまとめ

教室や外の風景が，やすりをかけた部分に像として映る。ヒトの目には，水晶体とよばれる凸レンズのはたらきをする部分があり，水晶体を通った外の景色は，実像として網膜に映る。この網膜が，やすりをかけた部分である。

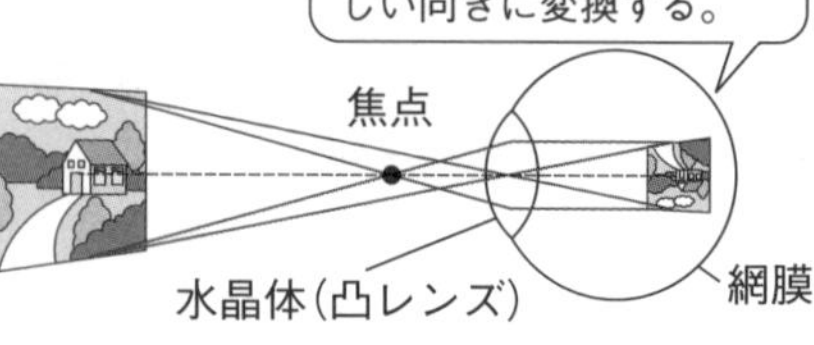

網膜は像を信号に変えて脳に送り，脳は信号を正しい向きに変換する。

⑤ 光と色

テーマ　可視光線　光の色

教科書のまとめ

□可視光線 ▶白色光や色のついた光のように，目に見える光のこと。

□虹 ▶空気中の水滴を通った太陽光がいろいろな色の光に分かれてできる，紫(青)～赤色の連続した色の帯。水滴がプリズムのはたらきをしている。光の色によって屈折角がちがうためにできる。

参考 プリズム
三角柱のガラス。角柱という意味がある。

□物体の色 ▶物体に白色光が当たって，特定の色を反射することで，物体に色がついて見える。光をほとんど反射しない物体は黒く見える。電光掲示板(けいじばん)などの色は，赤，緑，青の3色を混ぜて表現している。

教科書 p.160

やってみよう

虹をつくってみよう

❶ 黒い画用紙の中央にパンチで穴を空け，分光シートをつける。
❷ 右の図のように丸める。
❸ 分光シートをつけた穴から隙間を通して光源を見る。

やってみようのまとめ

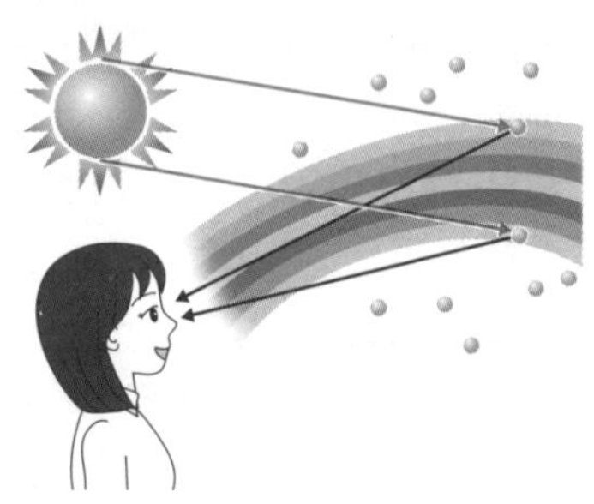

太陽光などの白色光が空気と水滴などの境界を進むときに，混ざっていたそれぞれの色の光がちがう角度で屈折するため，虹ができるというしくみが確かめられた。蛍光灯や電球の光が，虹のように色が分かれて見えたことから，白色光には，いろいろな色が含まれていることがわかる。

章末問題

①光が直進することを調べるにはどのようにしたらよいか。
②光が反射するとき，入射角と反射角の大きさはどのような関係になっているか。
③光が空気中からガラスへと進むとき，入射角と屈折角はどちらが大きいか。
④凸(とつ)レンズで実像をつくるにはどのようにしたらよいか。
⑤凸レンズで虚像(きょぞう)ができるときはどのようなときか。

①入浴剤などを入れた水や，線香の煙を充満させた空気の中に光を通す。
②入射角と反射角の大きさが等しい。
③入射角
④物体を焦点より遠くに置く。
⑤物体が焦点より凸レンズの近くにあるとき。

①鏡ではね返った光や，窓から差しこむ光と影がまっすぐ進むことからも確認することができる。
②反射の法則という。
③入射角とは，境界面に垂直な線と入射光との間の角のことであり，屈折角とは，境界面に垂直な線と屈折光との間の角のことである。空気中からガラスへ進む場合，入射角＞屈折角となる。
④実像は，スクリーン上などに実際に光が集まってできる像のことである。
⑤虚像とは，凸レンズを通して物体を見たときに見える像のことである。実際に光が集まってできる像ではない。

テスト対策問題

解答は巻末にあります。

時間30分 /100

1 表面が平らな鏡を使って，光の進み方を調べた。次の問いに答えよ。 9点×4(36点)

(1) 図のa，bの角をそれぞれ何というか。

a(　　　　) b(　　　　)

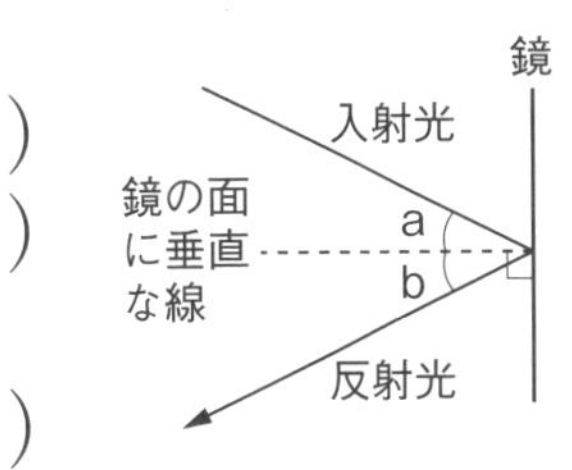

(2) aの角が40°のとき，bの角は何度か。 (　　　　)

(3) (2)のように光が反射することを何というか。

(　　　　)

2 容器の底に硬貨(こうか)を置き，水を静かに入れた。このときの硬貨の見え方について，次の問いに答えよ。 8点×2(16点)

(1) 水が入っていないときに比べ，硬貨はどのように見えるか。ア〜ウの中から正しいものを1つ選べ。 (　　)

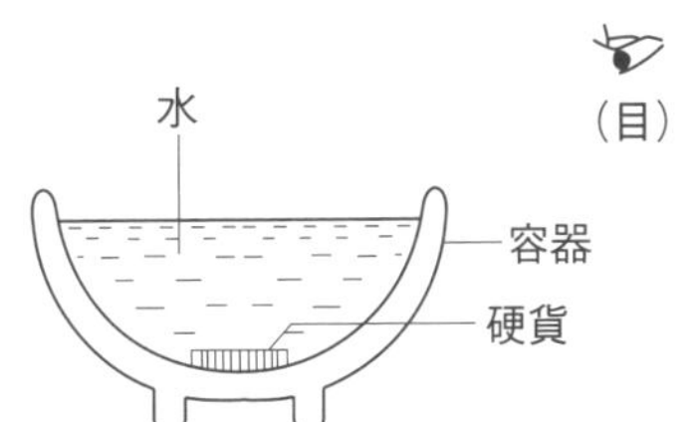

ア 実際の位置より，浮き上がっているように見える。

イ 見え方には，別に変化は見られない。

ウ 実際の位置より，沈んでいるように見える。

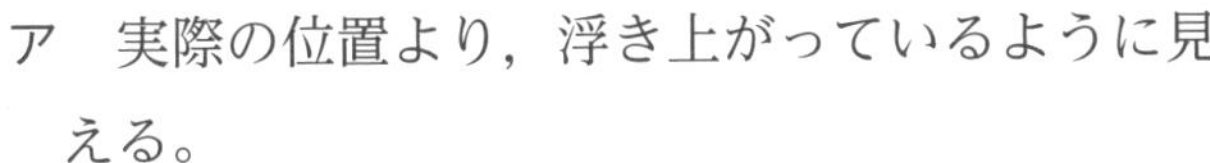

(2) (1)のように見えるのはなぜか。ア〜ウの中から正しいものを1つ選べ。 (　　)

ア 光が水面で反射して進むから。 イ 光が水面で屈折して進むから。

ウ 水から硬貨を押し上げるような力がはたらくから。

3 空気中から水中へ光が進むときや，水中から空気中へ光が進むときについて，次の問いに答えよ。 8点×3(24点)

(1) 図1で，入射角はa，bのどちらか。 (　　)

(2) 光の進路で正しいのはア〜カのどれか。

図1(　　) 図2(　　)

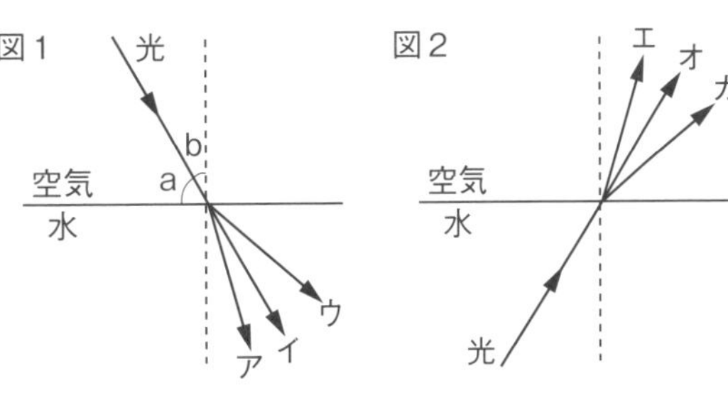

4 右の図で，aの距離が次の(1)〜(3)のようなとき，凸レンズによる像の大きさと像の種類について答えよ。 8点×3(24点)

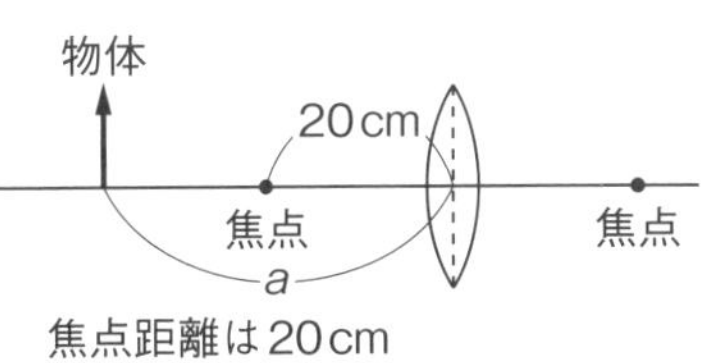

焦点距離は20cm
aは物体と凸レンズとの距離

(1) aが50cmのとき (　　　　)

(2) aが30cmのとき (　　　　)

(3) aが10cmのとき (　　　　)

単元3 身近な物理現象

2章 音の性質

① 音の発生と伝わり方

テーマ　音源　音の速さ

教科書のまとめ

□音源	▶振動して音を発している物体。
□音を伝えるもの	▶音は空気などの気体だけではなく，液体や固体の中も伝わる。
□音の伝わり方	▶音は，物体の振動により生じて，空気などの気体や固体，液体の中を波となって伝わる。
□音の伝わる速さ	▶音が空気中を伝わる速さは，約340m/s(気温が約15℃のとき)で，一般に空気よりも液体や固体中の方が速く伝わる。

$$音の速さ〔m/s〕=\frac{音が伝わった距離〔m〕}{伝わった時間〔s〕}$$

知識 雷の光と音

光の速さは，約30万km/sで，音の速さよりはるかに速い雷の稲光や打ち上げ花火の光は，光るのとほぼ同時に目に届くが，音は遅れて聞こえる。

やってみよう

教科書 p.163

音がどこを伝わっているか調べてみよう

Ⓐ 手に持った風船に向かって声を出す。
風船はどのようになるか。

B 糸につるした金属のフックを金属の棒でたたいて，音を聞く。

C 水を入れた容器をたたいたときの，水の中の音を聞く。

やってみようのまとめ

A 風船に向かって声を出すと，音によってふるえた風船の振動が手に伝わる。この実験から，声→空気の振動→風船の振動　のように音が伝わること，つまり音が空気中を伝わることがわかる。

B 金属のフックをたたくと，よく音が聞こえる。この実験からは，音が固体中を伝わることがわかる。糸を直接耳に当てると，音源の振動を体感することができる。

C 水の中から，容器をたたいたときの音が聞こえる。この実験から，音が液体中を伝わることがわかる。

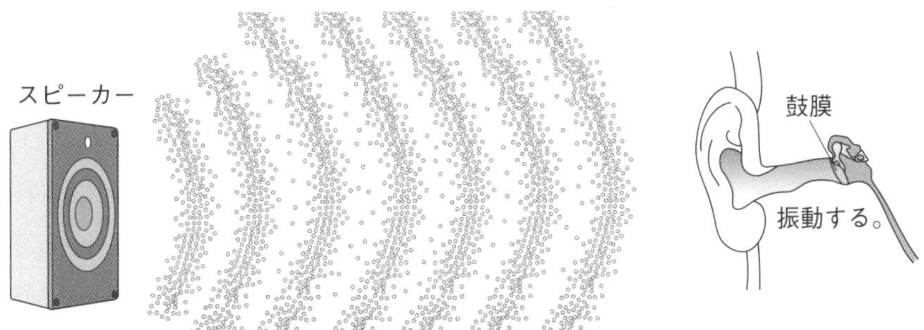

音源が振動すると，まわりの空気が押し縮められて濃くなったり，引かれてうすくなったりする。こうしてできた濃いところとうすいところが波となって耳に伝わり，耳の中の鼓膜(こまく)が振動して，音を認識することができる。

演習 稲光が見えてから３秒後に雷鳴(らいめい)が聞こえた。この雷(かみなり)までの距離はおよそどれくらいか。

演習の解答 1020m

考え方 雷では稲光と雷鳴が同時に出ている。光の速さは約30万km/s，音の速さは約340m/sで，光の速さは音の速さのおよそ100万倍である。したがって，稲光が見えてから遅れて雷鳴が聞こえることになる。花火が見えた後，しばらくして音が聞こえるのも同じ現象である。

「速さ」は，速さ＝$\frac{距離}{時間}$　で求めることができる。また，「距離」は，距離＝速さ×時間　で求めることができる。

稲光が見えてから３秒後に雷鳴が聞こえたので，この雷までの距離は

340m/s×３s＝1020m

② 音の大きさや高さ

テーマ　音の大きさと振幅　音の高さと振動数　ヘルツ　音の波形

教科書のまとめ

□振幅（しんぷく）
▶音源などの振動の振れ幅（ふれはば）のこと。振幅が大きいほど，音は大きい。大きな音にするには，弦を強くはじけばよい。

□振動数
▶1秒間に音源などが振動する回数。振動数が大きいほど，音は高い。周波数（しゅうはすう）ともいう。高い音にするには
① 弦の長さを短くする。
② 弦を張る力を強くする。
③ 弦の長さと張る力が同じ場合，細い弦を使う。

□ヘルツ
▶振動数の単位。記号はHzである。

参考 可聴音（かちょうおん）
ヒトに聞こえる音。振動数は，約20～20000Hzである。

□音の波形
▶オシロスコープやコンピュータなどを利用して，音は波形で表現できる。

教科書 p.167

実験のガイド

実験4 音の大きさや高さ

❶ 弦をはじく強さを変えて調べる。
弦の長さと弦を張る強さを一定にして，音の大きさや高さを調べる。

❷ 弦の長さを変えて調べる。
弦をはじく強さと弦を張る強さを一定にして，音の大きさや高さを調べる。

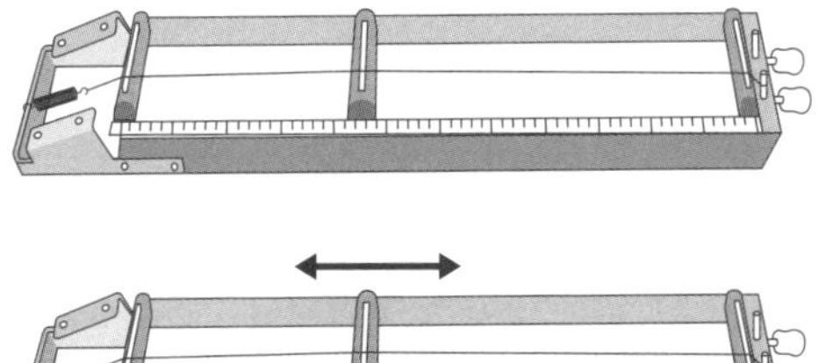

❸ 弦を張る強さを変えて調べる。
弦をはじく強さと弦の長さを一定にして，音の大きさや高さを調べる。

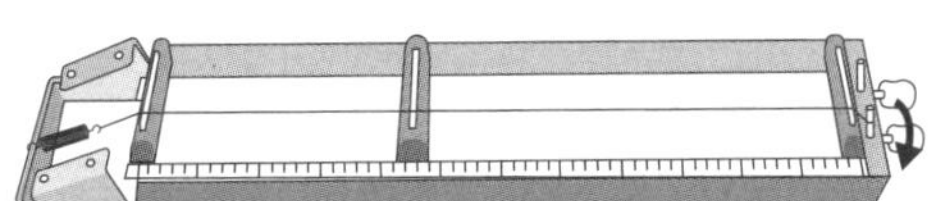

オシロスコープを使って調べる方法

❶〜❸について，オシロスコープで音の波の形を記録する。

オシロスコープは，音の大きさと高さを電気信号に変えて，波の形にして表示できる。

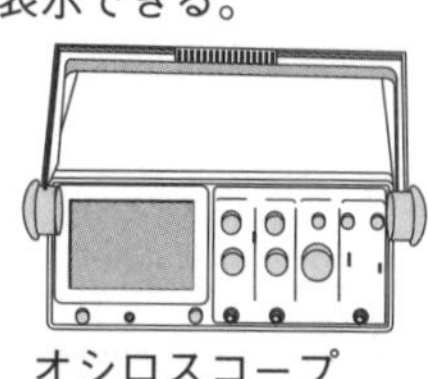
オシロスコープ

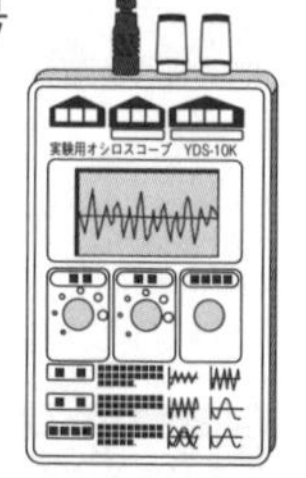
簡易のオシロスコープ

実験の結果

	弦をはじく強さ		弦の長さ		弦を張る強さ	
	強い	弱い	長い	短い	強い	弱い
音の大きさ	大きい	小さい	―	―	―	―
音の高さ	―	―	低い	高い	高い	低い

※ちがいがわからない場合は，「―」とした。

オシロスコープで観察したときの音の波形

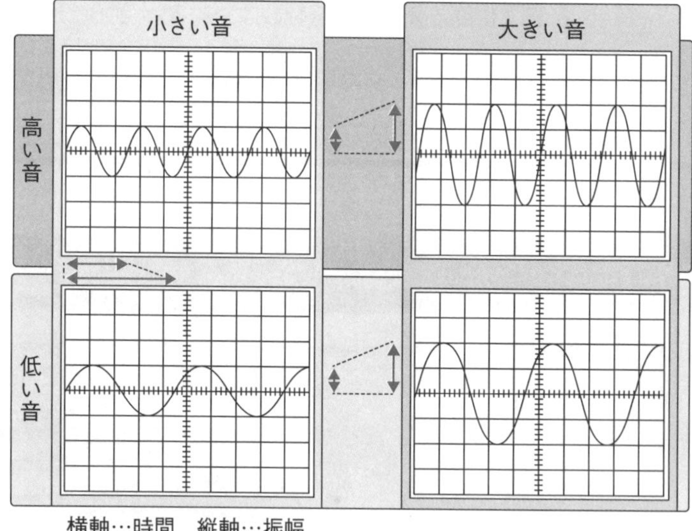

横軸…時間　縦軸…振幅

音の波形

1回の振動

振幅

時間

大きい音は波の山が高く，小さい音は波の山が低い。
高い音は波の数が多く，低い音は波の数が少ない。波形からちがいがよくわかる。

結果から考えよう

①音の大きさを変える条件は，何だと考えられるか。

→弦をはじく力の強さ

②音の高さを変える条件は，何だと考えられるか。

→弦の長さや弦を張る強さ

③音の大きさや高さによって，弦の振動(しんどう)にどのようなちがいがあると考えられ

るか。

→音が大きいほど，弦の振幅が大きく，音が高いほど，振動数が大きい。

振幅が大きいほど，音の大きさは大きく，振動数が大きいほど，音は高いことは，次の図のように整理できる。

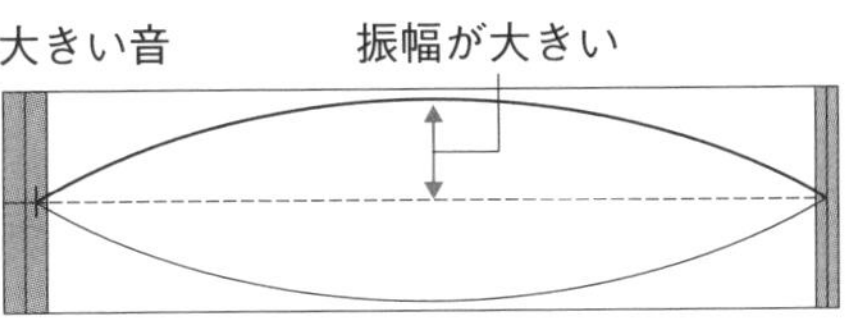

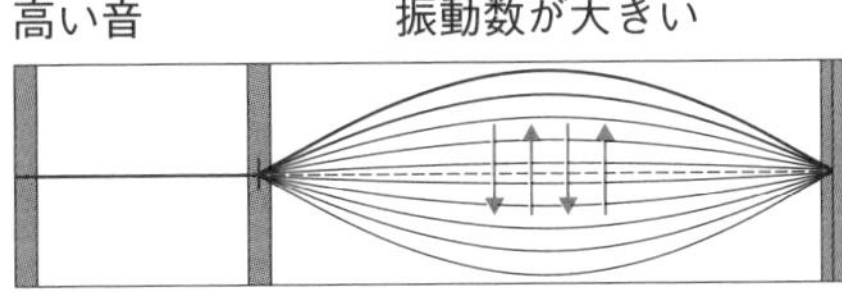

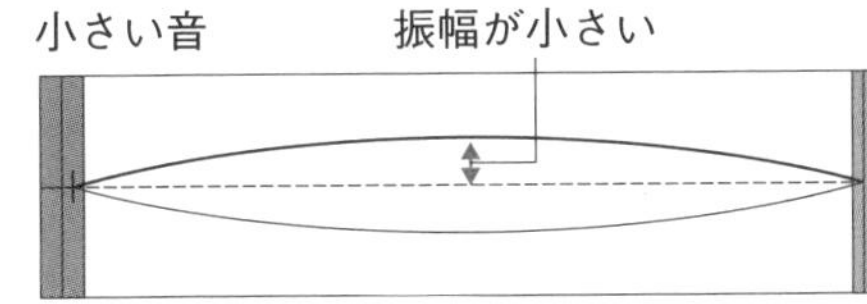

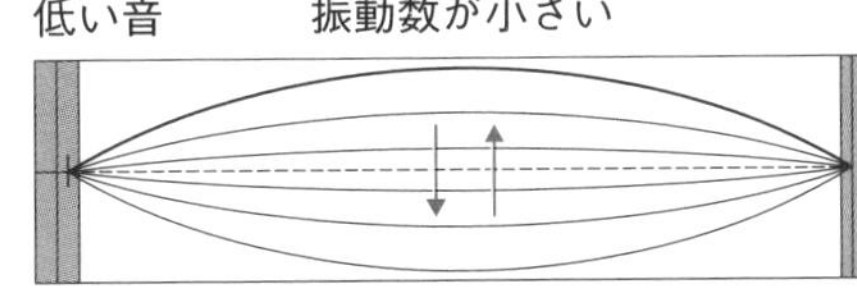

単元3 2章

やってみよう

楽器をつくって演奏してみよう

A グラスハープ

❶ 量のちがう水の入ったグラスを用意する。

❷ グラスの縁をこする。

B 輪ゴムギター

❶ 教科書p.170の左側にあるA～Bのドレミの目盛りを，紙に書き写して箱に貼り，図のように輪ゴムを全体に掛ける。AとBの位置に，割りばしを入れる。

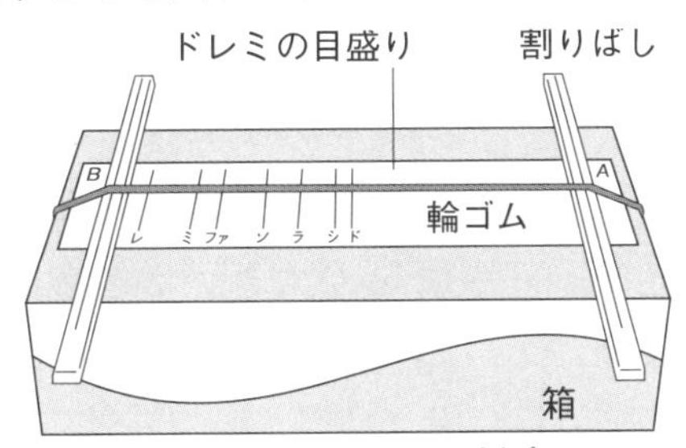

❷ ドレミの目盛りの位置を鉛筆などで軽く押さえて，輪ゴムをはじく。

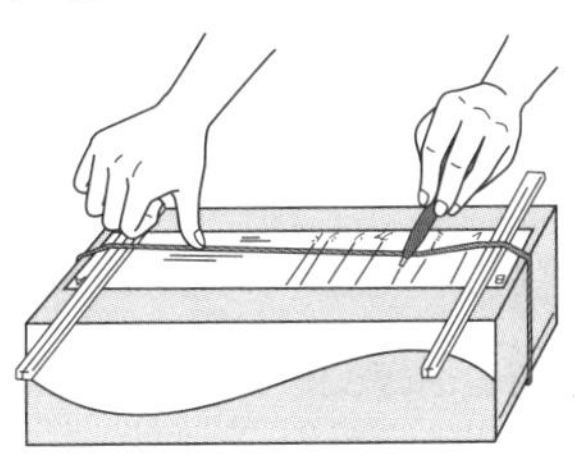

やってみようのまとめ

A ・グラスに入れる水を少なくすると，高い音が出る。グラスに入れた水が多いと，グラスの振動が抑(おさ)えられる(振動数が小さくなる)ため，低い音が出る。

B ・鉛筆で押さえる位置を変えると，音の高さが変わる。はじく部分の輪ゴムの長さが長いと振動数が小さくなり，低い音が出る。短いと振動数が大きくなり，高い音がでる。

・弦をはじく強さを変えると，音の大きさが変わる。強くはじくと振幅が大きくなり，大きな音が出る。

・輪ゴムを掛ける箱を変えると，箱の素材によって弦の張り方が変わるため，音の高さも変わる。

教科書 p.171

章末問題

①音を出している音さを水に入れるとどうなるか。このことからどのようなことがわかるか。

②音が伝わらないのは，どのようなところか。

③同じ弦(げん)を使って，高い音を出すにはどのようにしたらよいか。

④振幅(しんぷく)や振動数のちがいで，音はどのように変わるか。

①水しぶきが上がる。このことから，音さが振動していることがわかる。

②音を伝える物体(空気や水など)がないところ。真空中。

③弦を短くする。弦を強く張る。

④振幅が大きいほど音は大きくなる。振動数が大きいほど音は高くなる。

①音が出ているものは，振動している。

②振動するものがなければ，音は伝わらない。

③はじく部分が短いと，振動数が大きくなる。また，弦を強く張ると，振動数が大きくなる。

④振幅は，振動の振れ幅のことで，音の大きさに関係している。振動数は，1秒間に振動する回数で，音の高さに関係している。周波数ともいう。

テスト対策問題

解答は巻末にあります。

時間30分 /100

1 音の大きさや高さについて，正しいもの３つに○をつけよ。 10点×3(30点)

(1) (　　) 弦の長さが長いほど，低い音が出る。

(2) (　　) 弦の振幅が大きいほど，高い音が出る。

(3) (　　) 弦の長さが等しいとき，弦を張る強さを強くすると，高い音が出る。

(4) (　　) 弦の振幅が小さいほど，小さい音が出る。

(5) (　　) 弦の長さが短いほど，低い音が出る。

(6) (　　) 弦の長さが等しいとき，弦を張る強さを弱くすると，大きい音が出る。

2 穴のあいた空き箱，輪ゴム，鉛筆を用いて，右の図のような装置をつくり，輪ゴムをはじいて出る音を調べた。次の問いに答えよ。 10点×4(40点)

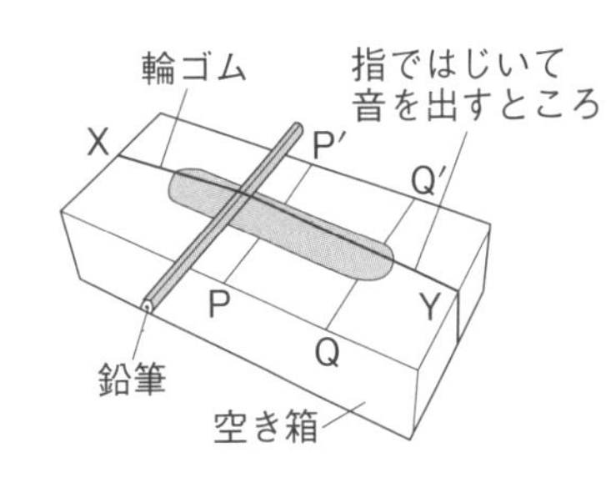

(1) 輪ゴムをはじいて音を出すとき，高い音が出るのは鉛筆をPP' とQQ' のどちらに置いた場合か。 (　　　　)

(2) (1)のようになる理由を次のア～エから選べ。 (　　)

ア　輪ゴムの振動数が大きいから。　イ　輪ゴムの振動数が小さいから。

ウ　輪ゴムの振幅が大きいから。　エ　輪ゴムの振幅が小さいから。

(3) 鉛筆をPP' に置いたまま，輪ゴムを細い輪ゴムから太い輪ゴムに変えてはじいたときに出る音は，鉛筆をPP' に置いて細い輪ゴムをはじいたときと比べてどうなるか。 (　　　　)

(4) (3)のようになるのは，輪ゴムの太さを変えたことで，何がどのように変わるからか。 (　　　　　　　　)

3 音について，次の問いに答えよ。 10点×3(30点)

(1) 510m離れた校舎に向かって号砲を鳴らしたら，３秒後に反射した音が返ってきた。号砲の音の速さは何m/sか。 (　　　　)

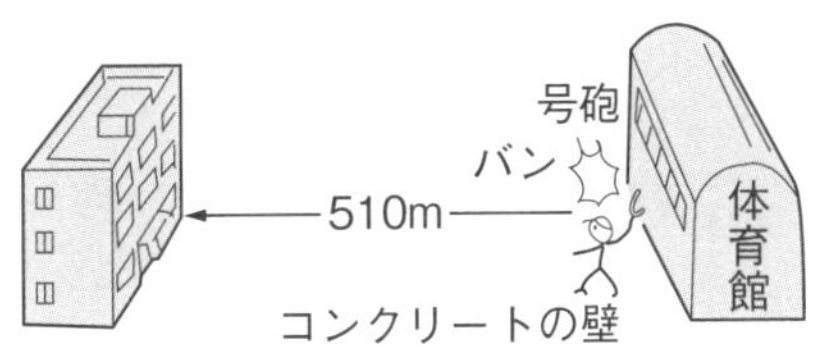

(2) 別の場所へ行って，校舎に向かって号砲を鳴らしたら，反射して返ってきた音が聞こえるまで２秒かかった。号砲を鳴らした位置から校舎までの距離は何mか。音の速さは(1)と同じとする。 (　　　　)

(3) 海面にある船から海底に向かって音を出し，水中での音の速さを測定(そくてい)した。音が深さ3000mの海底にぶつかって船まで返ってくるまでに４秒かかった。水中での音の速さは何m/sか。 (　　　　)

単元3 2章

単元3 身近な物理現象

3章 力のはたらき

① 力のはたらきと種類

テーマ　力のはたらき　弾性力　摩擦力　磁力　電気の力　重力

教科書のまとめ

□力のはたらき	▶① 物体の形を変える。 ② 物体の動きを変える。 ③ 物体を持ち上げたり，支えたりする。
□弾性力(だんせいりょく)	▶変形した物体がもとの形に戻ろうとする性質(弾性)によって生じる力。
□摩擦力(まさつりょく)	▶ふれ合っている物体がこすれるときに，動きを妨(さまた)げる力。
□磁力(じりょく)	▶磁石にはたらく，異なる極は引き合い，同じ極どうしは退け合う力。物体が磁石から離れていてもはたらく。
□電気の力	▶セーターでこすった下敷(したじ)きなどが紙や水を引きつける，電気がたまった物体に生じる力。物体どうしが離れていてもはたらく。
□重力	▶物体が地球の中心に向かって引かれる力。地球上のあらゆる物体に常にはたらいている。地面から離れていてもはたらく。

教科書 p.173 やってみよう

力を探して分類してみよう

❶ 身のまわりの物体に力を加えたときのようすを観察して，力のはたらきについて考える。

❷ 教科書p.172～173のイラストの中から力を探し，例のように次のことを付箋(ふせん)に書き出す。

・力が加わっている場面
・力が加わっていると考えた理由
・力を加えている物体
・力が加わっている物体

例

場面 台車を押す
理由 台車の動きが変わるから。
力を加えている物体 手
力が加わっている物体 台車

❸ ❷で見つけた力を，❶で考えた力のはたらきに分類する。

郵便はがき

おそれいりますが，切手をおはりください。

東京都新宿区新小川町4－1
(株)文理

「中学教科書ガイド」
アンケート 係

ご住所	〒 都道府県　市区郡 電話　－　－		
お名前	フリガナ	男・女	学年 年
お買上げ日	年　月	学習塾に	□通っている　□通っていない

＊ご住所は町名・番地までお書きください。

✂はがきで送られる方はここを切り取ってください。

「中学教科書ガイド」をお買い上げいただき，ありがとうございました。今後のよりよい本づくりのため，裏にありますアンケートにお答えください。

アンケートにご協力くださった方の中から，抽選で（年２回），**図書カード1000円分**をさしあげます。（当選者は，ご住所の都道府県名とお名前を文理ホームページ上で発表させていただきます。）なお，このアンケートで得た情報は，ほかのことには使用いたしません。

《はがきで送られる方》

① 左のはがきの下のらんに，お名前など必要事項をお書きください。

② 裏にあるアンケートの回答を，右にある回答記入らんにお書きください。

③ 点線にそってはがきを切り離し，お手数ですが，左上に切手をはって，ポストに投函してください。

《インターネットで送られる方》

① 文理のホームページにアクセスしてください。アドレスは，

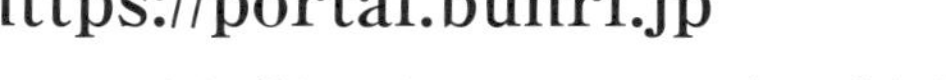

② 右上のメニューから「おすすめCONTENTS」の「中学教科書ガイド」を選び，クリックすると読者アンケートのページが表示されます。回答を記入して送信してください。上のQRコードからもアクセスできます。

アンケート

●次のアンケートにお答えください。回答は右のらんのあてはまる□をぬってください。

[1] 今回お買い上げになった教科は何ですか。
① 国語　② 社会　③ 数学　④ 理科

[2] この本をお選びになったのはどなたですか。
① 自分(中学生)　② ご両親　③ その他

[3] この本を選ばれた決め手は何ですか。(複数可)
① 教科書に合っているので。
② 内容・レベルがちょうどよいので。
③ 説明がくわしいので。
④ 教科書の問題の解き方や解答が載っているので。
⑤ 以前に使用してよかったので。
⑥ 高校受験に備えて。
⑦ その他

[4] どのような使い方をされていますか。(複数可)
① おもに授業の予習・復習に使用。
② おもに定期テスト前に使用。
③ おもにお子様や生徒の指導に使用。
④ その他

[5] 内容はいかがでしたか。
① わかりやすい。　② ややわかりにくい。
③ わかりにくい。　④ その他

[6] 解説の程度はいかがでしたか。
① ちょうどよい。　② もっとくわしく。
③ もう少し簡潔でもよい。

[7] ページ数はいかがでしたか。
① ちょうどよい。　② 多い。　③ 少ない。

[8] 2色の誌面デザインはいかがでしたか。
① よい。　② ふつう。
③ カラーにしたほうがよい。

[9] 表紙デザインはいかがでしたか。
① よい。　② ふつう。　③ あまりよくない。

[10] 以前から「教科書ガイド」をご存知でしたか。
① 知っていた。　② 知らなかった。

[11]「教科書ガイド」に増やしてほしいものや付け加えてほしいものは何ですか。(複数可)
① 練習問題　② テスト対策問題
③ 高校入試問題　④ 図やイラスト
⑤ 重要事項や要点のまとめ
⑥ 途中の計算式(数学)
⑦ カード，ポスター，公式集などの付録
⑧ その他

[12] 文理の問題集で，使用したことがあるものがあれば教えてください。
① 中学教科書ワーク　② 中間・期末の攻略本
③ 小学教科書ガイド　④ その他

[13]「中学教科書ガイド」について，ご感想やご意見・ご要望等がございましたら教えてください。

[14] この本のほかに，お使いになっている参考書や問題集がございましたら，教えてください。また，どんな点がよかったかも教えてください。

ご住所	〒　都道府県　市区郡　電話　―　―		
お名前	フリガナ	男・女	学年　年
お買上げ日	年　月	学習塾に	□通っている　□通っていない

＊ご住所は，町名，番地までお書きください。

アンケートの回答：記入らん

[1] □①　□②　□③　□④
[2] □①　□②　□③(　　)
[3] □①　□②　□③　□④　□⑤　□⑥
□⑦(　　)
[4] □①　□②　□③　□④(　　)
[5] □①　□②　□③　□④(　　)
[6] □①　□②　□③
[7] □①　□②　□③
[8] □①　□②　□③
[9] □①　□②　□③
[10] □①　□②
[11] □①　□②　□③
□④　□⑤　□⑥　□⑦
□⑧(　　)
[12] □①　□②　□③
□④(　　)
[13]
[14]

ご協力ありがとうございました。中学教科書ガイド＊

やってみようのまとめ

●物体の形を変える。

場面 エキスパンダー(ばね)を引っ張る。	場面 小麦粉をこねる。
理由 エキスパンダーの形が変わるから。	理由 小麦粉の形が変わるから。
力を加えている物体 手	力を加えている物体 手
力が加わっている物体 エキスパンダー	力が加わっている物体 小麦粉

●物体の動きを変える。

場面 手裏剣(しゅりけん)を投げる。	場面 自転車のブレーキをかける。
理由 手裏剣の動きが変わるから。	理由 自転車の動きが変わるから。
力を加えている物体 手	力を加えている物体 ブレーキ(手)
力が加わっている物体 手裏剣	力が加わっている物体 タイヤ(自転車)

●物体を持ち上げたり，支えたりする。

場面 ダンベルを持つ。	場面 マイクを持つ。
理由 人がダンベルを持ち上げているから。	理由 人がマイクを支えているから。
力を加えている物体 手	力を加えている物体 手
力が加わっている物体 ダンベル	力が加わっている物体 マイク

❷ 力の表し方

テーマ　力の要素　作用点　ニュートン

教科書のまとめ

□力の３つの要素	▶力がはたらく作用点，力の向き，力の大きさ。これらの要素は，１本の矢印で表現できる。 ・作用点…矢印の根もとが力を表す矢印の起点となる。•で表す。 ・力の向き…矢印の向きで表す。 ・力の大きさ…矢印の長さで表す。
□力の大きさ	▶ニュートン(記号N)という単位で表される。１Nの力は，約100gの物体にはたらく重力の大きさに等しい。

基本操作

教科書 p.176

力を表す矢印のかき方

❶　作用点をかく。
力が加わっているところに，作用点をかく。
⇨※1

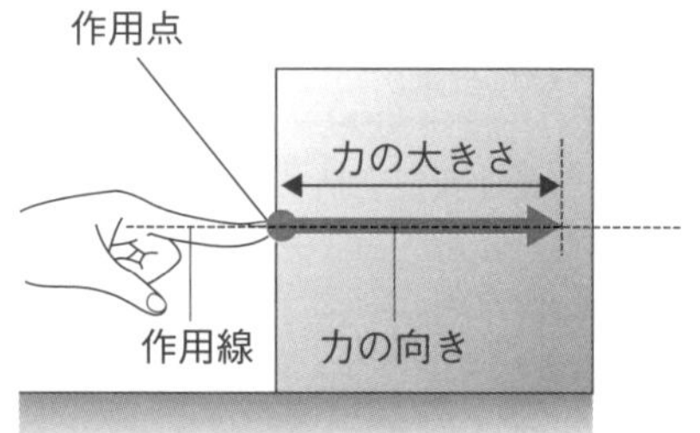

❷　矢印をかく。
作用点から，力の大きさに合わせた長さの矢印を，力のはたらく向きにかく。

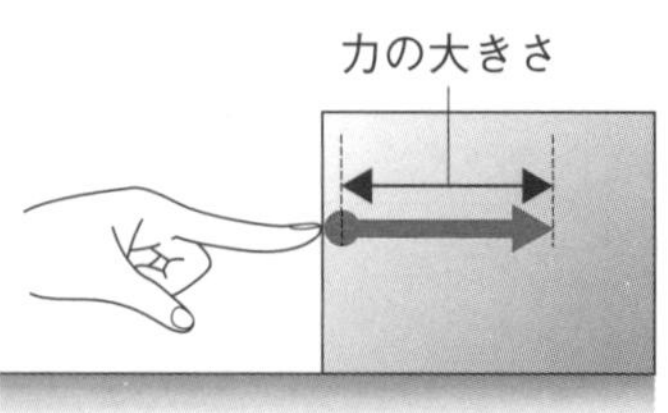

⇨※2

※1　力を表す矢印を含(ふく)む直線を，作用線という。
※2　作用点が物体と物体の接点になる場合は，力が加わっているところをわかりやすく示すために，この本では力が加わっている物体側にずらして作用点をかいている。

やってみよう

力の大きさを体感してみよう

A 重力の大きさ

❶ 1Nを1cmと決め，物体にはたらく重力の大きさを，シールで作った矢印で表す。

❷ 物体を持って，力の大きさを確かめる。

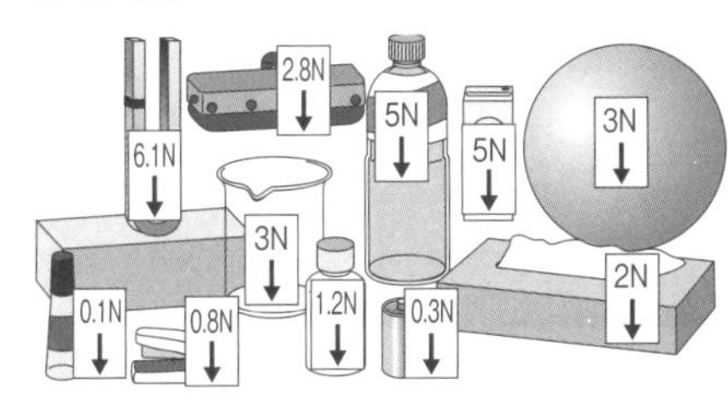

B 握力（あくりょく）の大きさ

ハンドグリッパーに5kgと書いてあるとき，握（にぎ）る力は何Nか。

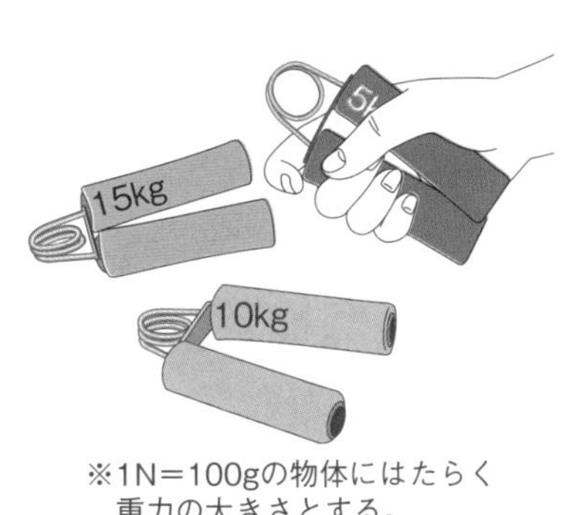

※1N＝100gの物体にはたらく重力の大きさとする。

やってみようのまとめ

A 1Nが1cmなので，例えば60gの物体は0.6cmの矢印をかく。

B 5kg＝5000gなので，5000÷100＝50〔N〕である。

演習 ①200gの物体にはたらく重力の大きさは何Nか。

②1Nの力の大きさを0.1cmとして，教科書p.178の図の作用点Pに加わる力を矢印で表しなさい。

演習の解答 ①2N，②下図

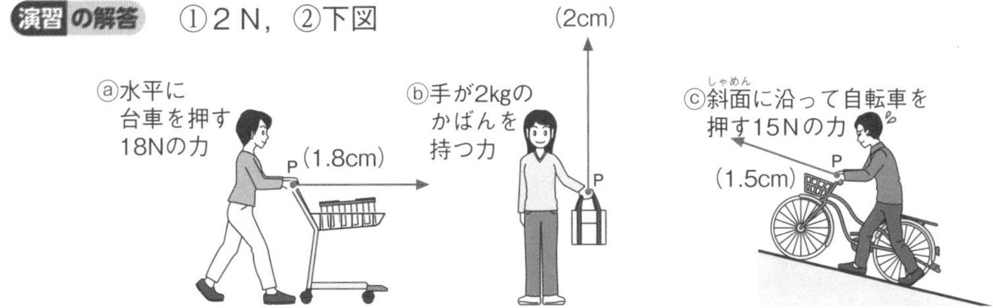

考え方 ①1Nは，100gの物体にはたらく重力の大きさと同じであるので，200÷100＝2〔N〕

②1Nを0.1cmとするので，ⓐは1.8cmの矢印を点Pから右へ，ⓑは2kg＝2000gより2000÷100＝20〔N〕，つまり2cmの矢印を点Pから真上に，ⓒは1.5cmの矢印を点Pから斜面に沿って，左斜め上へかく。

単元3 3章

③ 力の大きさとばねの伸び

テーマ　フックの法則　　質量

教科書のまとめ

□フックの法則 ▶弾性のある物体の変形の大きさが，加えた力の大きさに比例する関係。

参考 ばねばかり
フックの法則により，ばねの伸びから力の大きさをはかる器具。

□質量 ▶場所によって変わらない，物体そのものの量。単位はグラム(記号g)，キログラム(記号kg)で表される。

実験のガイド

教科書 p.180

実験5 力の大きさとばねの伸び

❶ 実験装置を組み立てる。
ばねaの先端に指標をつけて，スタンドにつるす。そして，ばねaが自然の長さに伸びたときにばねの伸びが0cmになるように，ものさしをスタンドに固定する。
⇨✖1

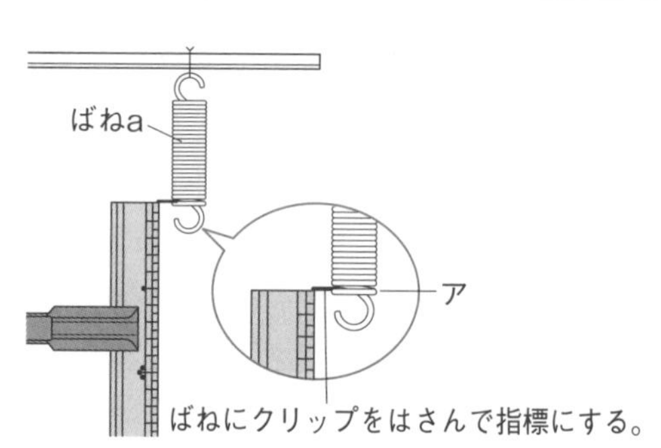

❷ ばねの伸びを測定する。
ばねaにおもりを1個つるし，ばねの伸びを読みとる。

❸ おもりの数を増やしていき，ばねの伸びを測定する。
おもりを2個，3個と増やしてばねに加える力を大きくしていき，ばねの伸びを読みとる。

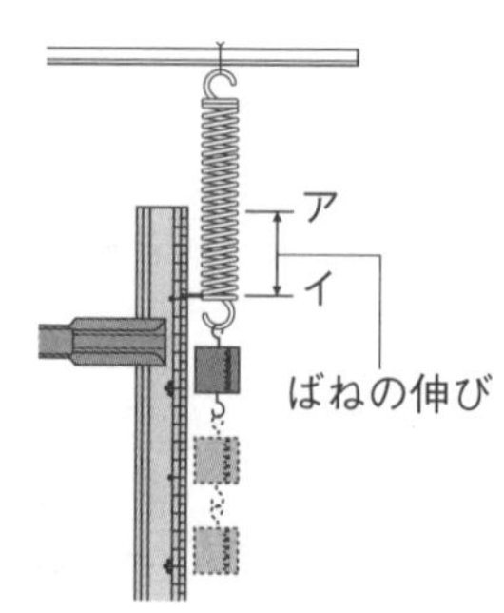

❹ 強さのちがうばねbで，❶～❸と同じことを調べる。

✖1 コツ 指標を，ものさしの0cmに合わせる。

実験の結果

おもりの数〔個〕	0	1	2	3	4	5
おもりの質量〔g〕	0	20	40	60	80	100
力の大きさ〔N〕	0	0.2	0.4	0.6	0.8	1.0
ばねaの伸び〔cm〕	0	3.8	7.9	12.2	16.3	20.4
ばねbの伸び〔cm〕	0	2.4	5.2	7.9	10.6	13.2

グラフに表すと，右の図のようになった。測定値の印の並びから，直線のグラフになると判断できた。

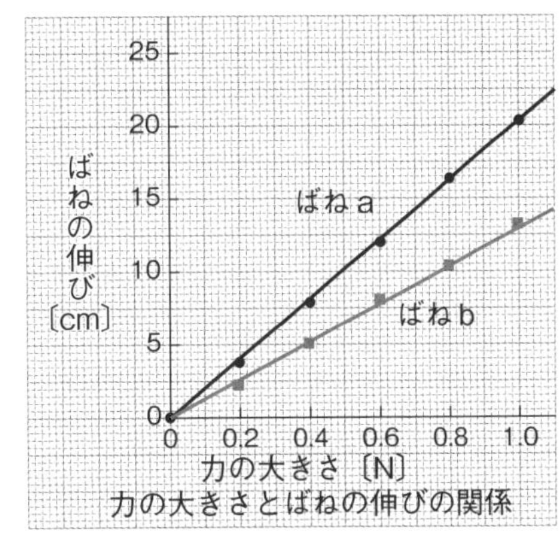

力の大きさとばねの伸びの関係

結果から考えよう

ばねに加えた力の大きさとばねの伸びには，どのような関係があると考えられるか。

→ばねに加える力が2倍，3倍，…となると，ばねの伸びも2倍，3倍，となっている。ばねの強さがちがっても，グラフは原点を通る直線になることから，ばねの伸びとばねに加わる力の大きさは，比例の関係であることがわかる。
ばねの強さのちがいは，グラフの傾きのちがいからわかる。

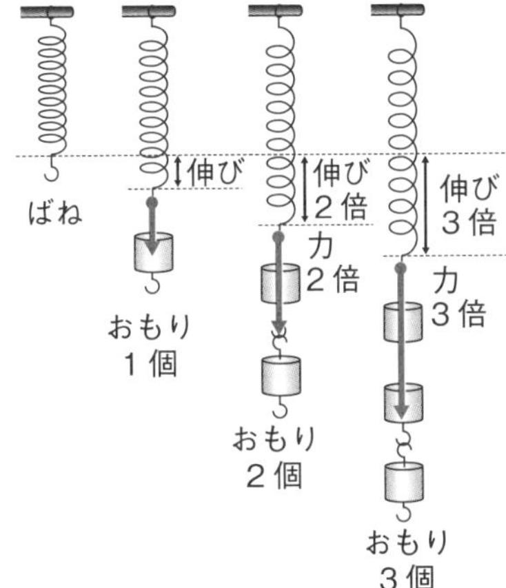

単元3 3章

教科書 p.181

基本操作

グラフのかき方②

実験結果をグラフに表すと関係がわかりやすくなる。また，測定していない値も推測できる。

力の大きさ〔N〕	0	0.2	0.4	0.6	0.8	1.0
ばねののび〔cm〕	0	0.9	1.9	2.8	3.8	4.7

❶ 横軸，縦軸を決める。
横軸と縦軸を決め，軸の名前と単位を書く。
横軸…変化させた量
縦軸…変化した量

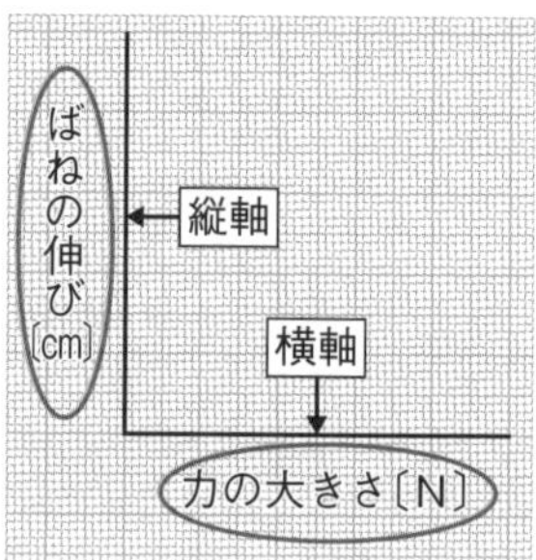

❷ 目盛りを決める。
⇨1
全ての測定値がかけるように，目盛りの大きさを決める。

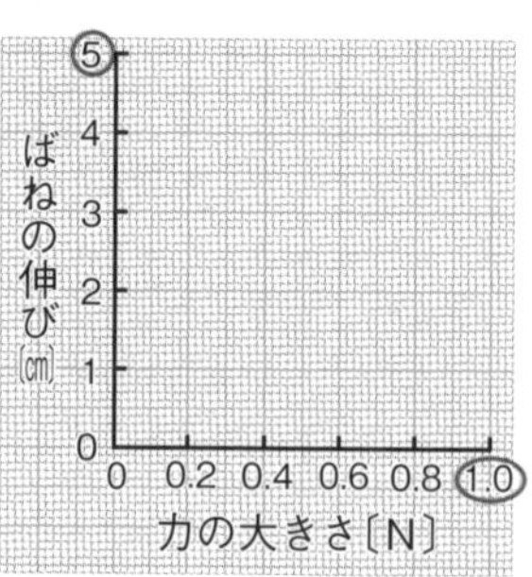

❸ 測定値を印で表す。
●や■などの印で，測定値をグラフにかく。

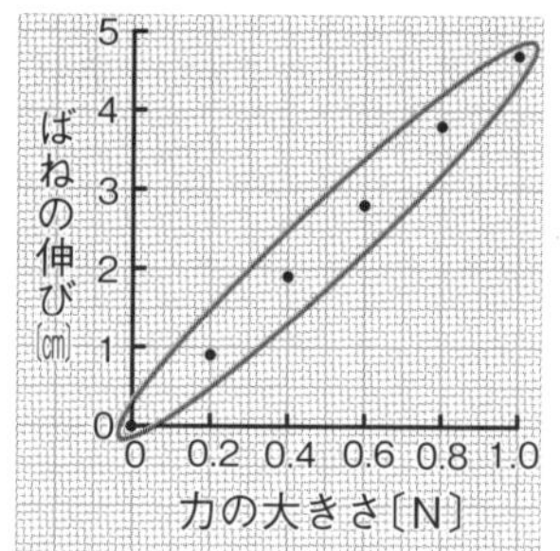

❹ グラフの線をかく。⇨2，3
測定値の印の並び方から，直線か滑らかな曲線かを判断して，グラフの線をかく。
直線の場合…印の近くを通るように，定規で線をかく。
曲線の場合…印の分布に沿って，滑らかな曲線をかく。

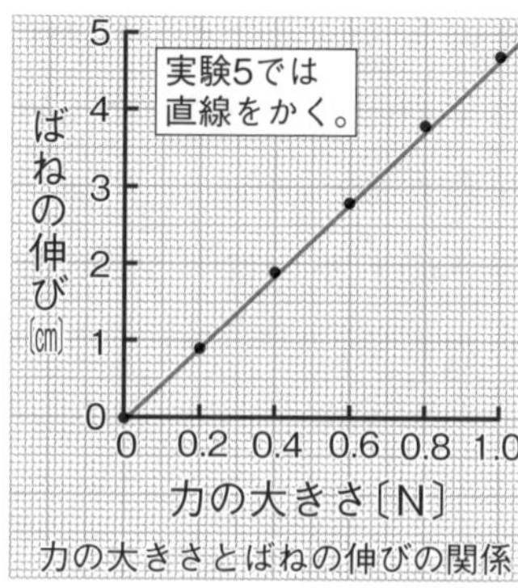

力の大きさとばねの伸びの関係

❺ グラフのタイトルを書く。

※1 コツ 最大目盛りを1，5，10などの区切りのよい値にすると，目盛りが読みやすい。
※2 コツ 線をはさんで，測定値の印が均等にばらつくようにする。
※3 注意 測定結果には誤差が含(ふく)まれている。そのため，グラフの線は測定値の印を結んだ折れ線にしてはいけない。

演習 ①1Nで3cm伸びるばねに20gのおもりをつるしたとき，ばねは何cm伸びるか。

②月面上で4Nの重力がはたらく物体には，地球上では何Nの重力が加わるか。

演習の解答　①0.6cm　②24N

考え方 ①20gのおもりにはたらく重力の大きさは0.2Nだから，ばねの伸びをx cmとすると，1：3＝0.2：x　これより，x＝0.6cm

②月面上の重力の大きさは，地球上の重力の大きさの約$\frac{1}{6}$なので，地球上にある物体にはたらく重力の大きさは，月面上の約6倍である。したがって　4N×6＝24N

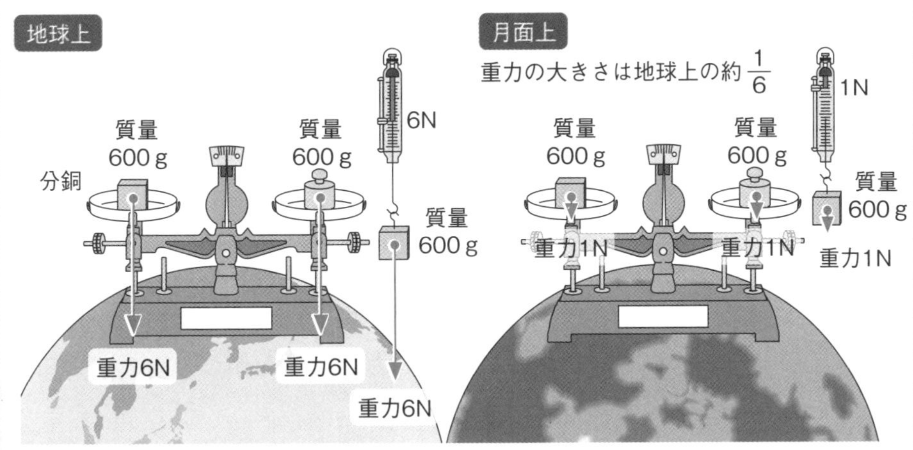

600gの物体は，地球上でも月面上でも600gの分銅とつり合う。これは，物体にはたらく重力が分銅にもはたらいているからである。

したがって，上皿てんびんを用いて物体にはたらく重力と，質量の基準となる分銅にはたらく重力の大きさを比べると，物体の質量がはかれる。

ばねばかりではかった場合，地球上で6Nの物体は，月面上では1Nとなる。つまり，物体にはたらく重力の大きさは，ばねばかりではかれる。

力のつり合い

テーマ　つり合っている　　垂直抗力

教科書のまとめ

□力のつり合い
▶1つの物体に2つ以上の力が加わっていても物体が動かないとき，これらの力はつり合っているという。

参考
物体が静止しているとき，物体にはたらいている力はつり合っている。

□つり合う2つの力の関係
▶1つの物体に加わる2つの力に次の関係が成り立つとき，2つの力はつり合う。
・2つの力は，大きさが等しい。
・2つの力は，一直線上にある。
・2つの力は，向きが反対である。

参考
1つでも成り立っていないと2つの力はつり合わないので，物体は動く。

□垂直抗力(すいちょくこうりょく)
▶物体が接している面から物体の面に垂直に加わる力。

□2つの力のつり合い
▶次のような2つの力は，つり合っている。
① 重力と垂直抗力…物体が机などの面の上にあるとき，物体にはたらく重力と垂直抗力がつり合っている。
② 加えた力と摩擦力(まさつりょく)…床(ゆか)の上にある物体に力を加えても動かないとき，物体に加えた力と摩擦力がつり合っている。

参考
摩擦力は，物体と床との間にはたらく。

教科書 p.184

やってみよう

つり合っている2つの力の大きさと向きを調べてみよう

❶ 厚紙を指で押さえた状態で，2つのばねばかりを糸にかけ，両側に引く。

⇨ 1

❷ 厚紙を押さえている指を離し，厚紙が静止したときに次のことを調べる。

ⓐ2つのばねばかりの目盛り

ⓑ引いた2本の糸の位置関係

ⓒばねばかりを引く向き

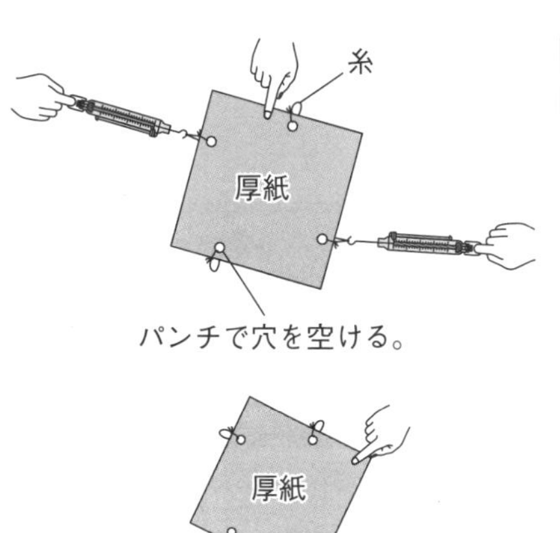

❸ ばねばかりにかける糸の位置を変えて，同じことを調べる。

※1 コツ ばねばかりを水平に使うときは，0点を調整しておく。

やってみようのまとめ

調べること	❷の結果	❸の結果
ⓐばねばかりの目盛り	同じになる。	同じになる。
ⓑ2本の糸の位置関係	一直線上になる。	一直線上になる。
ⓒばねばかりを引く向き	反対向きになる。	反対向きになる。

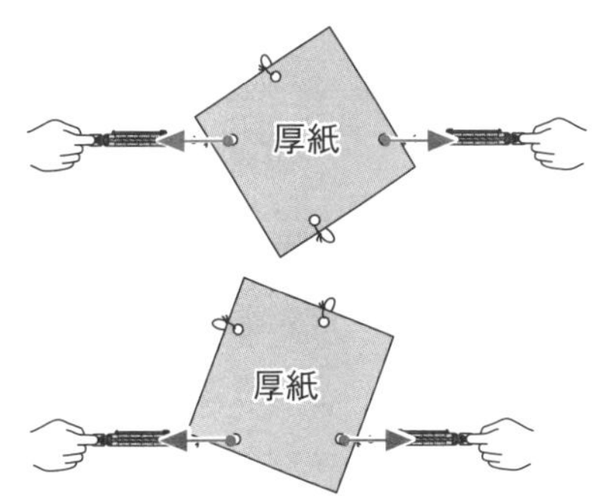

2つのばねばかりで引き合った厚紙が静止するのは，厚紙にはたらく2つの力がつり合ったときである。

・2つのばねばかりの目盛りが同じになる。⇨2つの力は，大きさが等しい。

・2本の糸の位置関係が一直線上になる。⇨2つの力は，一直線上にある。

・ばねばかりを引く向きは反対になる。⇨2つの力は，向きが反対である。

振り返ろう

教科書p.173  やってみよう で見つけた力とつり合う力を考えよう。

考え方 教科書p172~173のイラストの中から，物体に力が加わっているものを探し，このうち，物体が静止しているものを探す。そのとき，物体に加わる力と同じ大きさで，一直線上にあり，反対向きの力を考える。

演習 ①，②の力につり合う力を作図しなさい。

演習の解答　下図

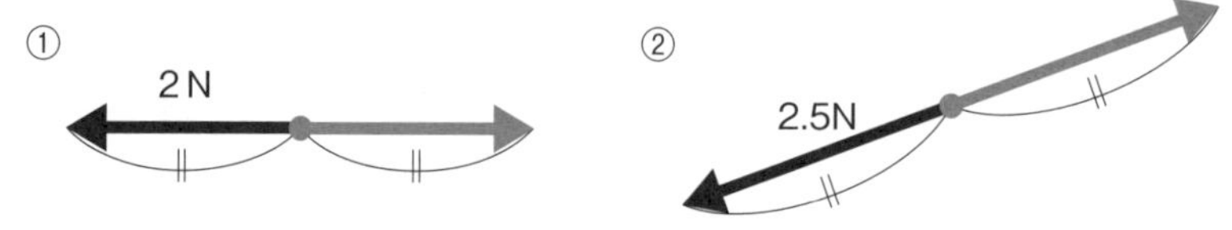

考え方 つり合う2つの力は一直線上にあり，力の大きさは等しく，向きは反対なので，一直線上に同じ長さで反対向きの矢印をかく。

教科書 p.185

章末問題

①力の大きさを表す単位は何か。
②ばねの変形の大きさは，加えた力の大きさに比例する。このような関係を何というか。
③地球上でも月面上でも変わらない，物体そのものの量のことを何というか。
④つり合っている2つの力の大きさと向きは，どのような関係になっているか。

①ニュートン(N)
②フックの法則
③質量
④2つの力の大きさは等しく，向きは(一直線上で)反対になっている。

考え方 ④つり合っている2つの力の大きさは等しく，一直線上にあり，向きは反対である。この3つ(下線)のうち，1つでも成り立たない関係があれば，力はつり合っていない。

テスト対策問題

解答は巻末にあります。

時間30分 /100

1 次の①～④は，下のア～ウのどれにあてはまるか。 7点×4(28点)

① 台車を押す。 (　　) ② ゴムひもを引っ張る。 (　　)

③ 水の入ったバケツを持つ。 (　　) ④ ボールを転がす。 (　　)

ア 物体の形を変える。 イ 物体を持ち上げたり，支えたりする。

ウ 物体の動きを変える。

2 右の図のように，ばねに100gの分銅1つをつり下げたら，ばねは3cm伸びた。次の問いに答えよ。ただし，100gの物体にはたらく重力の大きさを1Nとし，ばねの質量は考えないものとする。 6点×3(18点)

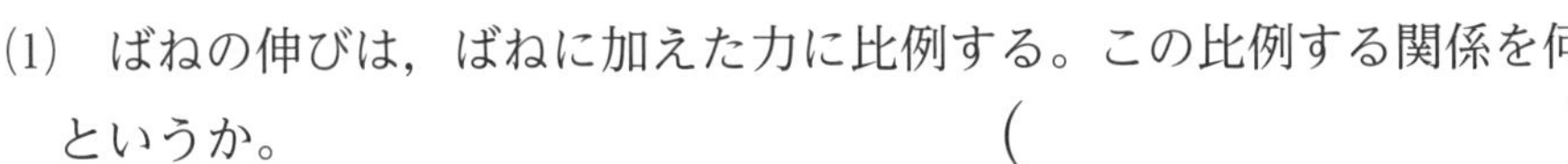

(1) ばねの伸びは，ばねに加えた力に比例する。この比例する関係を何というか。 (　　　　　　)

(2) このばねに100gの分銅を3つつり下げると，分銅がばねを引く力は何Nになるか。また，ばねの伸びは何cmになるか。 (　　　　) (　　　　)

3 右の図は，台車にひもをつけて，引いている力を矢印で示している。次の問いに答えよ。 8点×3(24点)

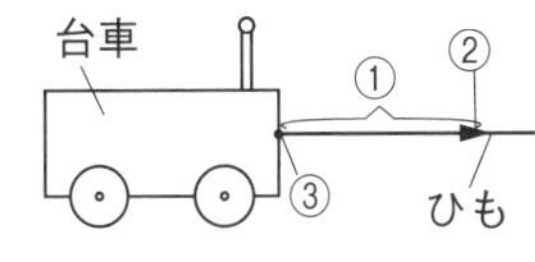

(1) 矢印の長さ①は何を表しているか。 (　　　　)

(2) 矢印の矢の向き②は何を表しているか。 (　　　　)

(3) 矢印のもとの点③は何を表しているか。 (　　　　)

4 右の図の状態のあと，2つのばねばかり㋐，㋑を引いて静止させたとき，㋐のばねばかりの目盛りは2.0Nを示していた。次の問いに答えよ。 7点×2(14点)

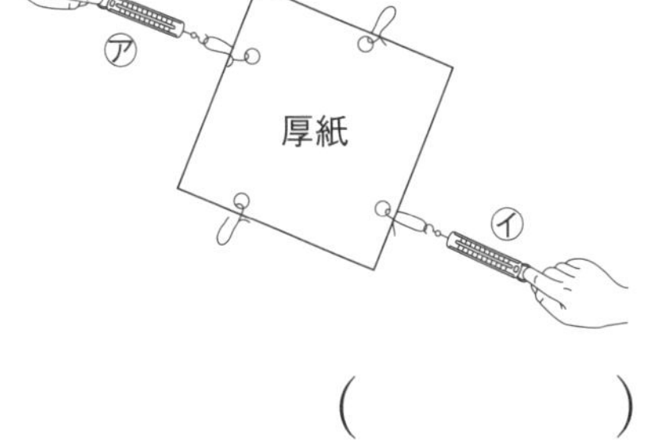

(1) ㋐,㋑を引く力の位置関係は，どのようになっているか。 (　　　　　　)

(2) ㋑のばねばかりは何Nを示しているか。 (　　　　)

5 右の図は，おもりが糸を引く3Nの力を，力の矢印で表したものである。次の問いに答えよ。 8点×2(16点)

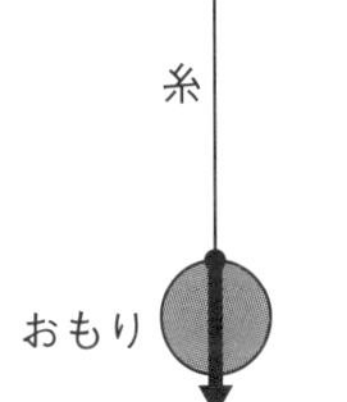

(1) 図のおもりが糸を引く力とつり合う力はどれか。次のア～エから選べ。 (　　)

ア 糸がおもりを引く力 イ 糸が天井(てんじょう)を引く力

ウ 天井が糸を引く力 エ おもりにはたらく重力

(2) (1)の力の大きさは何Nか。 (　　　　)

単元3 身近な物理現象

探究活動 課題を見つけて探究しよう

全身を映せる鏡

テーマ 光の反射　像

教科書のまとめ

□反射の法則	▶物体の表面で光が反射するとき，入射角と反射角の大きさが等しくなること。
□像	▶鏡やスクリーンに映ったものや，凸レンズで見たもの。

教科書 p.186 やってみよう

全身を映せる鏡

❶ 全身を映すのに必要な鏡の長さを考える。

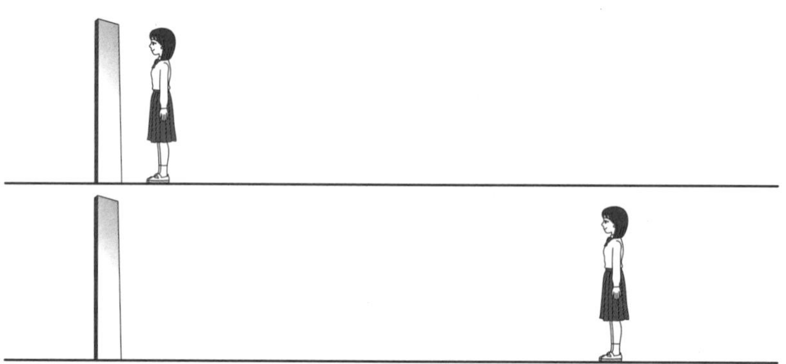

❷ 全身を映すのに必要な鏡の長さと，設置する高さを調べる方法を考える。

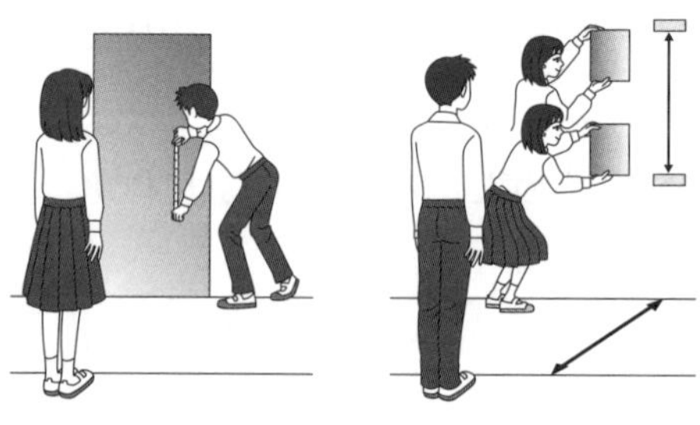

❸ 結果や考えたことをまとめ，予想と結果を比べる。

	鏡までの距離〔cm〕	身長〔cm〕	必要な鏡の長さ〔cm〕	床からの高さ〔cm〕
Aさん				
Bさん				
Cさん				

やってみようのまとめ

	鏡までの距離〔cm〕	身長〔cm〕	必要な鏡の長さ〔cm〕	床からの高さ〔cm〕
Aさん	100	150	75	70
Bさん	20	160	80	75
Cさん	300	158	79	74

結果から考えよう

1．全身を映すには，どのくらいの長さの鏡が必要か。

→全身の半分の長さが必要である。

2．鏡を設置する位置を，どのくらいの高さにしたらよいか。

→下の図の，ア～イの高さに置くとよい。

3．全身を映すのに必要な鏡の長さは，鏡までの距離と関係があるか。

→関係ない。

振り返ろう

反射の法則を思い出しながら，全身を鏡で見ているときの光が進む道筋を作図すると，全身を映すのに必要な鏡の長さは，身長の半分の長さであることや，自分と鏡までの距離には関係ないことがわかる。

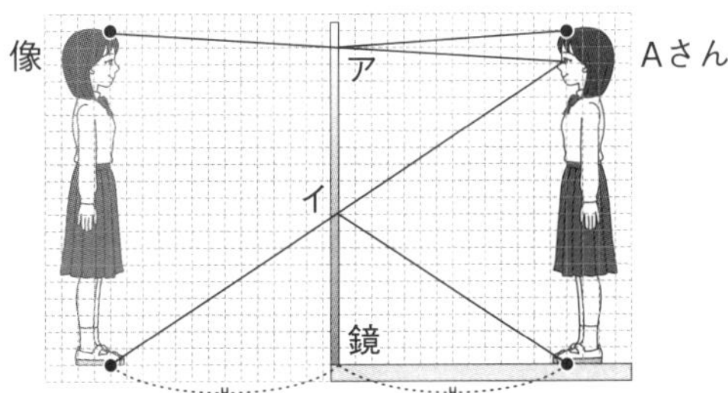

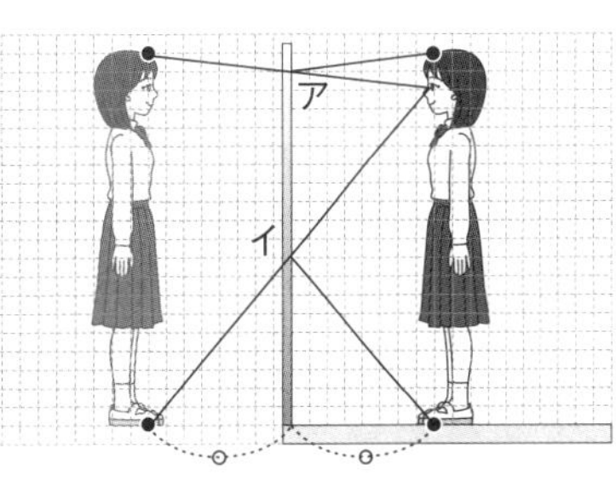

単元3 探究活動

単元末問題

1 光の反射

光の反射に関する次の問いに答えなさい。

①点Aを通って矢印のように進んだ光は，鏡の表面で反射した。光の筋道を作図しなさい。

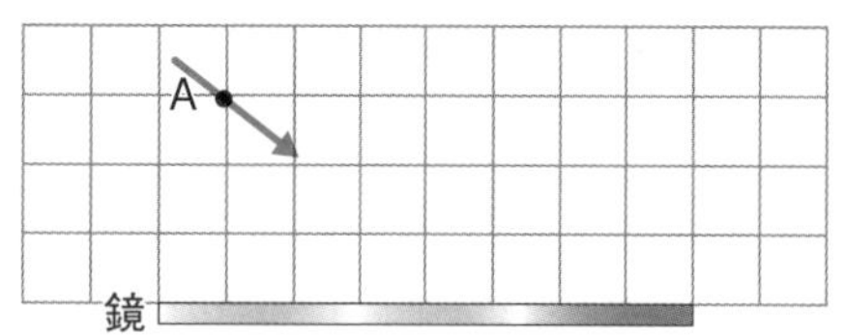

②点Aに物体を置くと，鏡に映る像はどこにできるか作図しなさい。また，点Bの位置で像を見たとき，どのように進んできた光を見ているか作図しなさい。

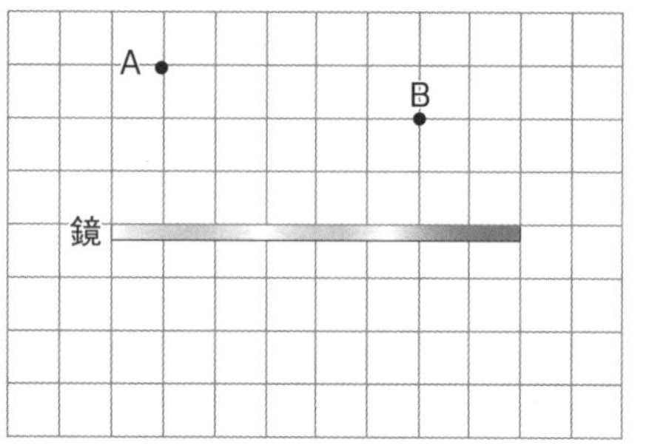

解答 ①

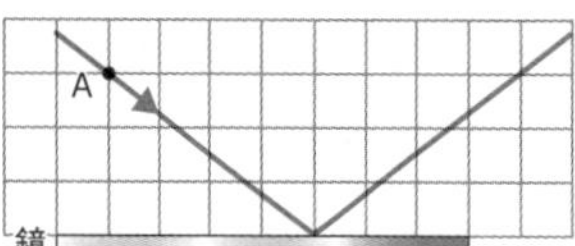

②

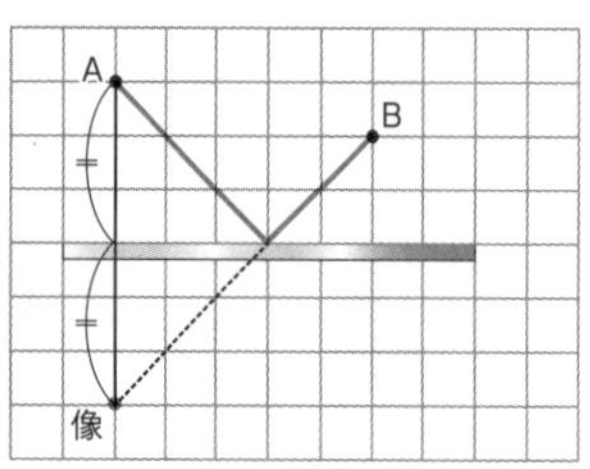

考え方 ①入射角と反射角が同じになるように作図する。

②鏡の面に対して対称の位置に像ができる。この像とBを結んだ線と鏡の表面との交点とAを結ぶ。

2 光の屈折

光を半円形レンズに当てる実験について，次の問いに答えなさい。

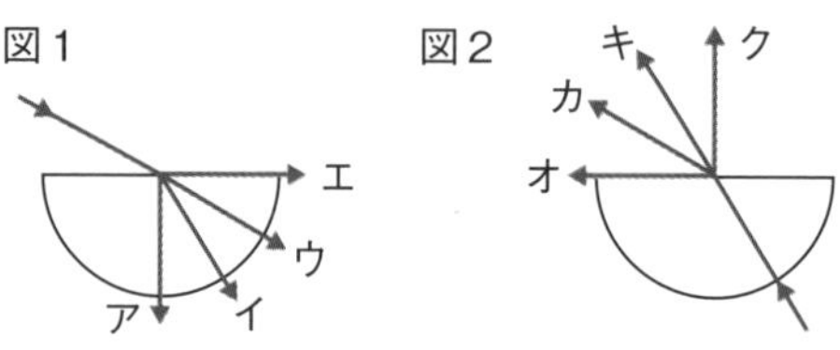

①図1のように半円形レンズに入射した光は，どのように進むか。図のア～エより選びなさい。

②図2のように半円形レンズに入射した光は，どのように進むか。図のオ～クより選びなさい。

③図2で，入射角を大きくしていくと，やがて光の進み方はどのようになるか。また，その現象を何というか。

①イ

②カ

③光は半円形レンズと空気の境界面で全て反射する。全反射。

考え方 ①空気中からガラスに入る場合，入射角＞屈折角　となる。

②ガラスから空気中に出る場合，入射角＜屈折角　となる。

③屈折角が90°になると，境界面で全て反射し，光は空気中に出ていかなくなる。

3 凸レンズの性質

焦点距離がわからない凸レンズを使って実験を行った。物体と凸レンズの距離が30cmのとき，スクリーンには物体と同じ大きさの像ができた。このとき，凸レンズからスクリーンまでの距離は30cmであった。次の問いに答えなさい。

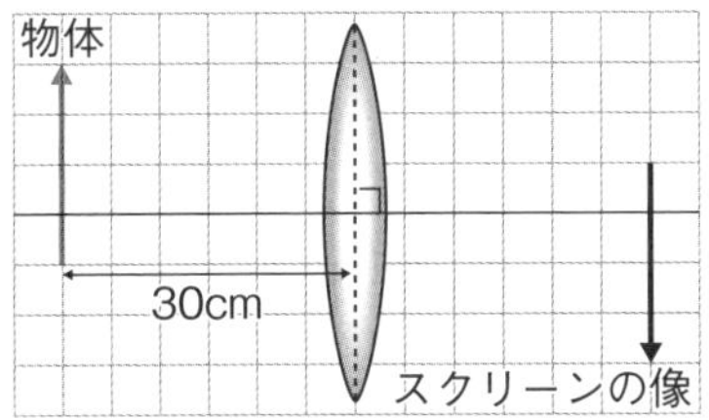

①図をもとに，この凸レンズの焦点距離を求めなさい。

②物体と凸レンズの距離を30cmより短くして，スクリーンに像を映した。このときのスクリーンの位置は，凸レンズに近くなるか，遠くなるか。また，スクリーンに映る像の大きさは，物体と比べて大きいか，小さいか。

③この装置でスクリーンにできた像のように，実際に光が集まってできる像を何というか。

④物体を凸レンズに近づけていくと，あるところからスクリーンに像が映らなくなった。そこで，凸レンズを通して物体を見た。このとき見える像の大きさや上下左右の向きは，物体と比べてどのようになっているか。また，このような像を，何というか。

①15cm
②遠くなる。大きくなる。
③実像
④物体より大きくて，上下左右が同じ向き。虚像。

①物体と同じ大きさの像ができるのは，物体と凸レンズの距離が焦点距離の２倍のときである。
②物体を凸レンズに近づけていくと，像は次第に遠ざかり，大きくなる。
④虚像は，実際に光が集まってできたものではない。

4 光の色

太陽光(白色光)をプリズムに当てると，虹色の光ができた。

①この現象は何と関係があるか，次のア〜エより選びなさい。
ア　光の直進
イ　光の反射
ウ　光の屈折
エ　全反射

②虹色に分かれた光を混ぜ合わせると，光の色はどのようになるか。
ア　光の色は虹色のままで変わらない。
イ　光を集めると，暗くなる。
ウ　白色光に戻る。

①ウ　②ウ

①光は色によって屈折角がちがう。
②白色光はいろいろな色が含まれていて，プリズムによって分かれる。分かれた色を集めると白色光に戻る。

5 音の伝わる速さ

部屋の窓から花火が光るのを確認した1.5秒後に，花火の音が聞こえた。花火から部屋までの距離を求めなさい。ただし，空気中の音の伝わる速さを340m/sとする。

解答 510m

花火が光ったとき同時に音も出ている。1.5秒かかって音が部屋まで伝わったので，花火から部屋までの距離は，340m/s×1.5s＝510m

6 音の大きさと高さ

図のようなモノコードを使って，ｂとｃの間の弦をはじいて音を出す実験を２回行った。次の問いに答えなさい。

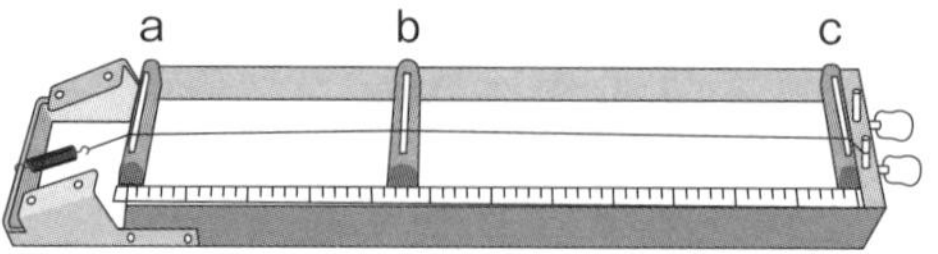

①１回目より２回目の音を大きくするにはどうしたらよいか。次のア～カより全て選びなさい。

ア ｂをａに近づける。
イ ｂをｃに近づける。
ウ 弦を太いものに変える。
エ 弦を細いものに変える。
オ 弦を強くはじく。
カ 弦を弱くはじく。

②音の大きさは，音源などの何によって決まるか。

③１回目より２回目の音を低くするにはどうしたらよいか。①のア～カより全て選びなさい。

④音の高さは，音源などの何によって決まるか。

解答
①オ
②振幅
③ア，ウ
④振動数

①音を大きくするには，弦の振幅を大きくすればよい。そのためには弦を強くはじけばよい。
③音を低くするには，弦の振動数を小さくすればよい。そのためには弦の長さを長くしたり，弦を太いものに変えたりすればよい。ｂをａに近づけると，はじく弦は長くなる。

7 力の表し方

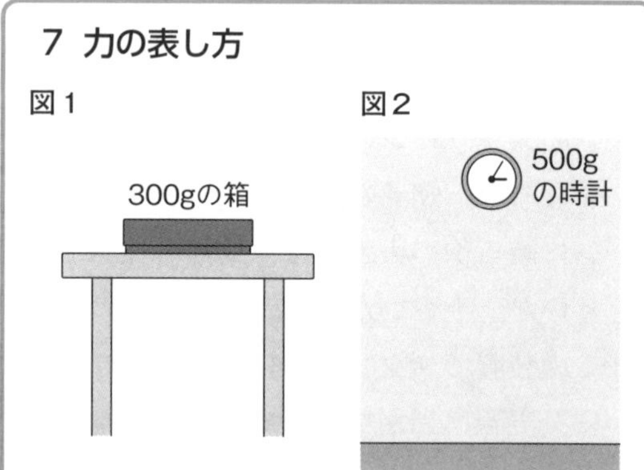

図１は机の上に置いた箱を，図２は壁に掛けた時計を表している。箱や時計にはたらく重力を，それぞれ矢印で表しなさい。ただし，100gの物体にはたらく重力の大きさを１Nとし，１Nの力を0.5cmの矢印で表すものとする。

解答

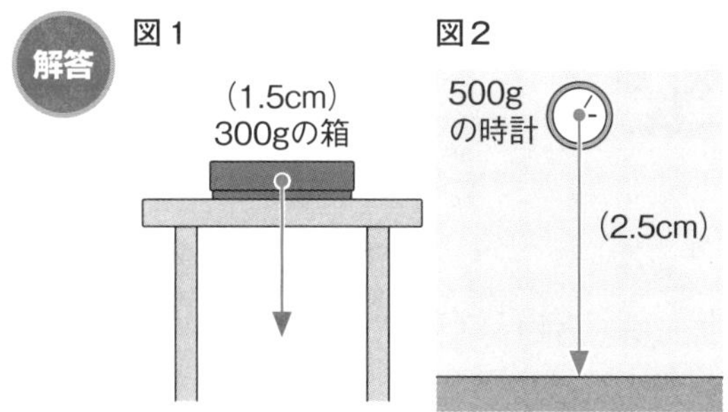

考え方 300gの箱にはたらく重力の大きさは3N，500gの時計にはたらく重力の大きさは5Nである。1Nの力を0.5cmの矢印で表すので，箱は1.5cm，時計は2.5cmの下向きの矢印をかく。

8 力のはたらきと種類

①力にはどのようなはたらきがあるか。1つあげて説明しなさい。

②離れていてもはたらく力には何があるか，1つ答えなさい。

解答 ①(例)物体の形を変える。

②(例)重力

考え方 ①「物体の動きを変える。」「物体を持ち上げたり，支えたりする。」でもよい。

②磁力(磁石の力)，電気の力でもよい。

重力は，地球の中心に向かって物体が引かれる力である。

磁力は，磁石が鉄でできた物体を引きよせたり，磁石の異なる極どうしが引き合ったり，同じ極どうしが退け合ったりする力である。

電気の力は，物体どうしをこすり合わせることで電気がたまった物体にはたらく力で，たがいに引き合ったり，退け合ったりする力である。

9 力とばねの伸び

図のように，長さ12cmのばねに150gのおもりをつるしたところ，ばねの長さは15cmになった。次の問いに答えなさい。ただし，100gの物体にはたらく重力の大きさを1Nとし，ばねの質量は考えないものとする。

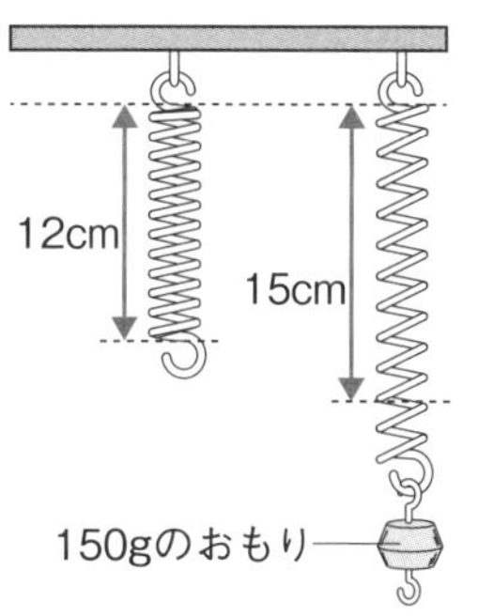

①ばねの伸びと加えた力の大きさには，どのような関係があるか。

②このばねを1cm伸ばすのに必要な力の大きさは何Nか。

③おもりを追加するとばねの長さが17cmになった。このとき追加したおもりの質量は何gか。

④同じばねに，月面上で150gのおもりをつるしたとする。このとき，ばねの伸びは何cmになると考えられるか。ただし，月面上での重力の大きさは地球上の$\frac{1}{6}$とする。

解答 ①比例の関係がある。

②0.5N

③100g

④0.5cm

考え方 ①ばねの伸びは，加えた力の大きさが2倍，3倍，…になると伸びも2倍，3倍，…になる。

単元3

②150gのおもりをつるしたら，ばねは12cmから15cmになったので３cm伸びた。ばねを１cm伸ばすのに必要な力をxNとすると，1.5：３＝x：１
これより，x＝0.5N
③おもりを追加してつるしたら，ばねは15cmから17cmになったので２cm伸びた。ばねを２cm伸ばすのに必要な力は１Nなので，追加したおもりの質量は100gである。
④月面上で150gのおもりにはたらく重力の大きさは，$1.5\text{N}\times\frac{1}{6}=0.25\text{N}$
ばねは0.5Nで１cm伸びるから，ばねののびをy cmとすると，0.5：１＝0.25：y
よって，y＝0.5cm

10　力のつり合い

①ア～ウは，物体に同じ大きさの２つの力が同時にはたらいているようすを示している。２つの力がつり合っているのはどれか。

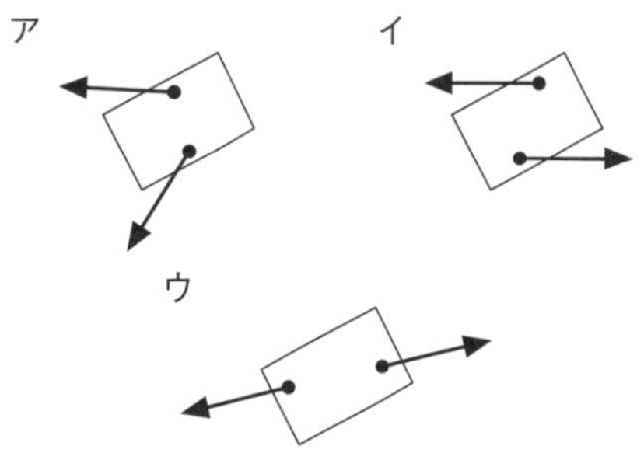

②①で，力がつり合っていると判断した理由を答えなさい。

解答　①ウ
②同じ大きさの２つの力が，一直線上にあって向きが反対だから。

考え方　①②１つの物体にはたらく２つの力が一直線上にあり，大きさが等しく，向きが反対のとき，２つの力はつり合う。
アは，物体にはたらく２つの力の大きさは等しいが，一直線上になく，向きも反対ではないため，つり合っていない。
イは，物体にはたらく２つの力の大きさは等しく，向きも反対だが，２つの力が一直線上にないため，つり合っていない。

読解力問題

① 2枚の鏡の角度と像

①エ　②ア　③90°

①②入射角＝反射角になるように鏡を置く。
③図3，図4から，必ず90°になっていることがわかる。

② 力の大きさとばねの伸び

①ア：8cm　イ：1.2N　ウ：17cm
②フックの法則，物体の変形の大きさは，加えた力の大きさに比例する。
③a：2cm　b：5cm
④エ，同じ大きさの力を加えたとき，aの方がbよりばねの伸びが大きいから。
⑤a：15cm　b：10cm

考え方
①ア：ばねに加える力の大きさが0.6Nと0.8Nのときのばねaの全体の長さより，ばねaは，力の大きさが0.2N大きくなると，ばねの伸びは3cm大きくなることがわかる。よって，力の大きさが0.4Nのときのばねaの全体の長さは，
$5+3=8$ cm
イ：ばねaは，力の大きさが0.8Nのときより，全体の長さは6cm大きくなっている。
よって，このときの力の大きさは，$0.8+0.2\times\frac{6}{3}=1.2$N
ウ：ばねbは，力の大きさが0.2N大きくなると，ばねの伸びは2cm大きくなる。よって，力の大きさが1.2Nのときのばねb全体の長さは，$13+2\times\frac{1.2-0.8}{0.2}=17$cm
③ばねa：$5-3=2$cm
ばねb：$7-2=5$cm
⑤ばねa：力の大きさが0.2N大きくなると，ばねの伸びは3cm大きくなるので，1Nの力が加わったときのばねの伸びは，$3\times\frac{1}{0.2}=15$cm
よって，目盛りの間の長さは15cmになる。
ばねb：力の大きさが0.2N大きくなると，ばねの伸びは2cm大きくなるので，1Nの力が加わったときのばねの伸びは，$2\times\frac{1}{0.2}=10$cm
よって，目盛りの間の長さは10cmになる。

単元4 大地の変化

観察 地形や地層，岩石の観察

地形や地層，岩石の観察

テーマ 地形　地層　岩石

教科書 p.199

やってみよう

身のまわりの地形や地層，岩石を観察してみよう

身のまわりにはどのような地形や地層，岩石があるか調べる。

❶ 坂道はどのようなところにあるだろうか。なぜ坂道ができたのだろうか。

❷ 川の流れによってどのような地形ができるのだろうか。小学校での学習を思い出してみよう。

❸ 地層にはどのような特徴があるのだろうか。観察して，気がついたところを記録しよう。

❹ 火山が噴火(ふんか)すると，どのようなものが出されるのだろうか。また，火山の形はどのようにして決まっているのだろうか。

❺ 上流と下流では川の流れ方や，両岸のようすにどのようなちがいがあるのだろうか。

やってみようのまとめ

❶ 大地に力が加わって，地層が曲がったり，傾いたり，ずれたりすることで坂道ができる。また，火山の噴火によって火山灰が長期間降り積もることで坂道ができることもある。

❷ 川の流れが速い上流では，侵食のはたらきによって，がけやV字谷ができる。川の流れが緩やかな下流では，堆積のはたらきによって三角州などができる。

❸ しま模様のように層が積み重なっている。層と層の境目がはっきり見える。

❹ 溶岩，火山灰，火山ガスなどが火山から出される。火山の形は，噴き出されるマグマのねばりけによって決まる。

❺ 上流では川の流れが速く，両岸は切り立ったがけになっている。下流では川の流れが緩やかで，川原が広がっている。

単元4 大地の変化

1章 火山

① 火山の活動

テーマ　火山　マグマ　火山噴出物　火山の形と噴火のようす

教科書のまとめ

□火山　▶地下にあるマグマが上昇して地表にふき出し，周辺に積み重なってできたもの。最近1万年間に噴火したことがあるか，最近も水蒸気などの噴気活動が見られるものを，活火山という。

□マグマ　▶地下にある岩石が高温のため，どろどろにとけた物質。マグマが上昇して地表にふき出す現象を噴火という。

□火山噴出物　▶噴火のときにふき出された，マグマがもとになってできた物質。火山ガス，火山灰，火山れき，火山弾，溶岩，軽石などがある。火山ガスと溶岩以外の火山噴出物のことを火山砕屑物と総称する。

参考
高温の岩石，火山灰，火山ガスが一体となって高速で斜面をかけ下りる現象を火砕流という。

□火山の形と噴火のようすのちがい　▶火山の形や噴火のようすは，マグマのねばりけが関係している。

- マグマのねばりけが強い…おわんをふせたような形の火山ができる。激しい爆発をともなう噴火。固まった溶岩の表面はごつごつしている。火山灰や岩石は白っぽい色。雲仙普賢岳など。
- マグマのねばりけが弱い…傾斜が緩やかな形の火山ができる。穏やかに溶岩を流し出す噴火。固まった溶岩の表面は滑らかである。火山灰や岩石は黒っぽい色。キラウエアなど。

□成層火山　▶マグマのねばりけ以外にも，火山砕屑物を出す爆発的噴火と溶岩を出す穏やかな噴火をくり返すと，大きな円錐形の火山がつくられることがある。これを成層火山という。富士山など。

教科書 p.203

観察のガイド

観察1 火山噴出物の観察

❶ 火山灰や火山れきの粒の大きさや色などのようすを調べる。

火山灰　5 mm

火山れき　1 cm

❷ 火山弾，溶岩，軽石などの色や形，表面のようすを調べる。

火山弾　2 cm

溶岩　2 cm

軽石　3 cm

観察の結果（例）

火山噴出物	特　徴
火山灰	さらさらした小さい粒。灰色。
火山れき	軽くて表面がごつごつした大きい粒。茶色。
火山弾	全体に丸みがあるものや，ひび割れがあるものがある。黒っぽい色。
溶岩	重くて不規則な形。表面が滑らかで穴がたくさん開いている。白っぽい色。
軽石	軽くて不規則な形。穴がたくさんあいている。白っぽい色。

結果から考えよう

溶岩や軽石の表面にたくさんの穴が開いているのは，どのような理由によると考えられるか。

→マグマから気体が抜け出したあとが穴になって残ったから。

教科書 p.205

やってみよう

ねばりけのちがいとできる火山の形との関係を調べてみよう

❶ ホットケーキミックス50gに，水を20mL加えたもの（ア）と30mL加えたもの（イ）の，2種類のねばりけのものを用意する。

❷ 生クリーム用のしぼり口をつけたポリエチレンの袋にホットケーキミックスを入れ，工作用紙の中心に空けた穴に下から差しこむ。

❸ 工作用紙の下からア，イのホットケーキミックス(溶岩)をそれぞれ押し出す。
❹ ねばりけとできた形の関係を実際の火山と比べて考察する。

やってみようのまとめ

❶ (ア)はねばりけの強い溶岩のモデル，(イ)はねばりけの弱い溶岩のモデルとして考えることができる。

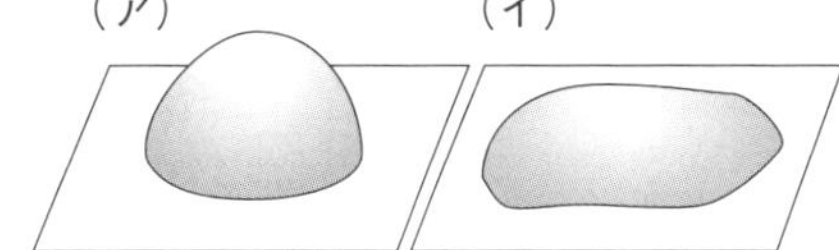

ねばりけの強い方（溶岩が盛り上がる。） ねばりけの弱い方（溶岩がうすく広がる。）

❸ (ア)のねばりけの強い溶岩のモデルを工作用紙の上に押し出すと，流れにくく，盛り上がり，おわんをふせたような形になる。これは雲仙普賢岳などと似た形である。

(イ)のねばりけが弱い溶岩のモデルを工作用紙の上に押し出すと，すぐに流れ広がり，傾斜の緩やかな形になる。これはアメリカ，ハワイ州のマウナロアやキラウエアなどと似た形である。

やってみよう

マグマのねばりけと火山の特徴を表にまとめよう

❶ マグマのねばりけの強い火山と弱い火山を選ぶ。
❷ マグマのねばりけごとに噴火のようす，火山の形，火山噴出物の色をまとめる。
❸ まとめたものを比較してマグマのねばりけと火山の形の関係を考える。

やってみようのまとめ

火山の例	キラウエア，マウナロア	雲仙普賢岳
マグマのねばりけ	弱い	強い
噴火のようす	穏やかな噴火	激しい噴火
火山の形	傾斜の緩やかな形	おわんをふせたような形
模式図		
火山灰や岩石の色	黒っぽい	白っぽい

②マグマが固まった岩石　③火山の災害

テーマ　鉱物　無色鉱物　有色鉱物　火成岩　火山岩　斑晶　石基　斑状組織　深成岩　等粒状組織　ハザードマップ

教科書のまとめ

□鉱物	▶火山灰や火成岩にふくまれる粒。4000種類以上あって，ほとんどが結晶である。 ①　無色鉱物…白っぽい鉱物で白色鉱物ともいう。石英（せきえい），長石（ちょうせき）がある。無色鉱物の割合が多いと白っぽく見える。 ②　有色鉱物…黒っぽい鉱物。黒雲母（くろうんも），角閃石（かくせん），輝石（き），カンラン石，磁鉄鉱（じてっこう）がある。有色鉱物の割合が多いと黒っぽく見える。
□火成岩（かせいがん）	▶マグマが冷え固まった岩石。
□火山岩（かざんがん）	▶火成岩のうち，マグマが地表や地表近くで急速に冷え固まってできた岩石。大きな鉱物の結晶である斑晶（はんしょう）が，小さな鉱物の集まりやガラス質の部分である石基（せっき）の中に散らばっている斑状組織（はんじょうそしき）をもつ。流紋岩（りゅうもんがん），安山岩，玄武岩（げんぶがん）がある。 有色鉱物の割合は，流紋岩＜安山岩＜玄武岩である。
□深成岩（しんせいがん）	▶火成岩のうち，地下のマグマがゆっくりと冷え固まってできた岩石。同じくらいの大きさの鉱物がきっちりと組み合わさった等粒状組織（とうりゅうじょうそしき）をもつ。花崗岩（こう），閃緑岩（せんりょく），斑れい岩（はん）がある。 有色鉱物の割合は，花崗岩＜閃緑岩＜斑れい岩である。
□ハザードマップ	▶火山噴火（ふんか）や地震（じしん）などによる災害の軽減や防災対策のために，被災（ひさい）が想定される区域や避難（ひなん）場所・避難経路・防災関係施設（しせつ）の場所などを示した地図。 **参考**　火山ハザードマップ 対象とする火山の過去の噴火について，火口の位置やどのような災害が発生したかを調べ，今後発生する可能性のある災害とその範囲（はんい）を地図に重ね合わせたもの。

観察のガイド

観察2 火山灰の観察

❶ 粒をとり出す。

火山灰や砕いた軽石（かるいし）を蒸発皿にとり，水を加える。親指の腹でよくこすり，にごった水を捨てる。この操作を何回も繰り返す。

❷ 粒の色や性質を調べる。

残った粒を乾燥（かんそう）させてペトリ皿に移し，双眼実体顕微鏡（そうがんじったいけんびきょう）でのぞきながら，柄（え）つき針を使って，粒を有色の粒と無色の粒に分ける。

また，ペトリ皿の下に磁石を当てて，磁石に引きつけられる粒があるか調べる。

プレパラートに入った火山灰を観察する方法

火山灰を中に入れたプレパラートで観察することもできる。

火山灰観察プレパラート

観察の結果

無色鉱物	石英	不規則，無色・白色
	長石	柱状・短冊（たんざく）状，無色～白色・うす桃（もも）色
有色鉱物	黒雲母	板状・六角形，黒色～褐（かっしょく）色，うすく剥（は）がれる
	角閃石（かくせんせき）	長い柱状・針状，濃い緑色～黒色
	輝石	短い柱状・短冊状，緑色～褐色
	カンラン石	丸みのある短い柱状，黄緑色～褐色
	磁鉄鉱（じてっこう）	不規則，黒色，磁石に引きつけられる

火山灰に含まれる粒の色や形などの種類と割合は，火山灰を噴出した火山によってちがっていた。

結果から考えよう

観察した鉱物の特徴と，火山灰をふき出した火山にはどのような関係があると考えられるか。

→マグマのねばりけの強い火山の火山灰には白っぽい鉱物が，ねばりけの弱い火山の火山灰には黒っぽい鉱物が多いと考えられる。

観察のガイド

観察3 火成岩の観察

❶ スケッチをする。

火山岩と，深成岩の磨いてある面を観察し，スケッチする。⇨✖1

❷ つくりのちがいを調べる。

鉱物の大きさや形，集まり方から，つくりのちがいを調べる。

✖1 コツ 含まれている鉱物の大きさや散らばり方に注目してスケッチする。

観察の結果

❶ 安山岩

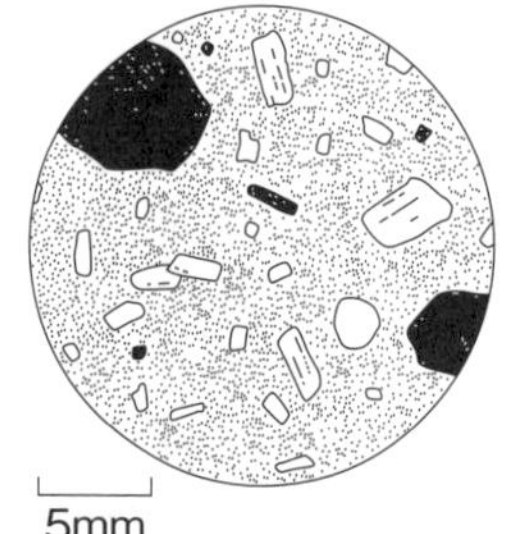

花崗岩

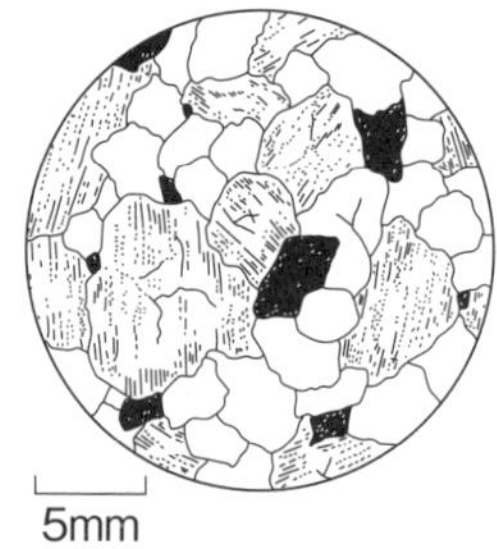

❷ 安山岩…やや大きい，白っぽい鉱物や黒っぽい鉱物が，粒のよく見えない部分の中に散らばっている。

花崗岩…同じくらいの大きさの白っぽい鉱物や黒っぽい鉱物が，きっちりと組み合わさっている。

結果から考えよう

火成岩の中には，どのような鉱物が含まれていると考えられるか。

→(教科書p.215表2を参考にする)

石英，長石，黒雲母，角閃石，輝石，カンラン石

観察のまとめ

白っぽい鉱物は長石や石英，黒っぽい鉱物はカンラン石，輝石，角閃石，黒雲母などであると考えられる。

やってみよう

結晶をつくって冷え方によるちがいを調べてみよう

A ミョウバンの結晶

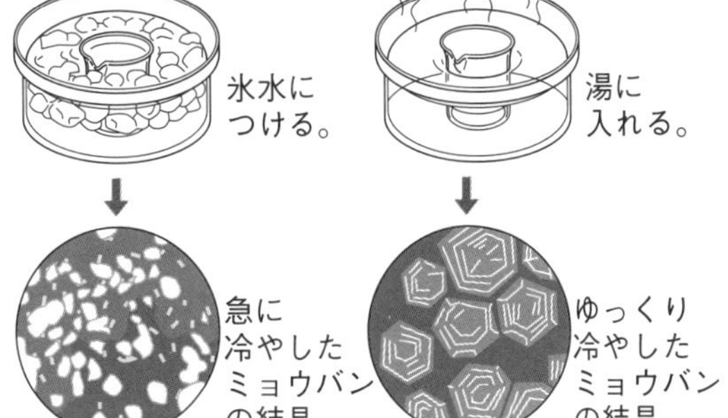

❶ 濃いミョウバンの水溶液をつくり，2つのビーカーに入れる。

❷ ビーカーの1つは氷水につけて急に冷やし，もう1つは湯に入れてゆっくり冷やす。

❸ それぞれの結晶のつくりや大きさにどのようなちがいがあるか調べる。

B チオ硫酸（りゅうさん）ナトリウムの結晶

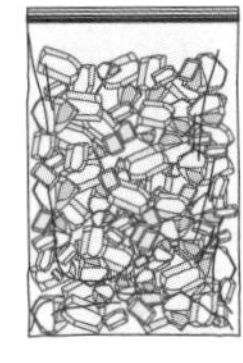

❶ チオ硫酸ナトリウムをチャックつきポリエチレンの袋（ふくろ）に入れたものを2つ用意する。袋を約60℃の熱湯につけて全体をとかす。⇨✕1

❷ 全体がとけたら常温の水につけて，液体のまま冷やす。

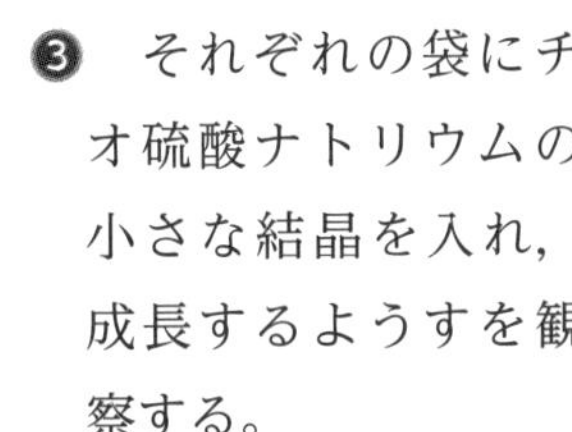

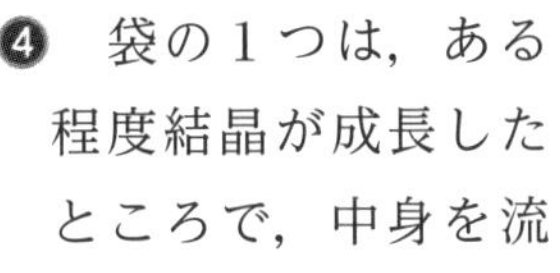

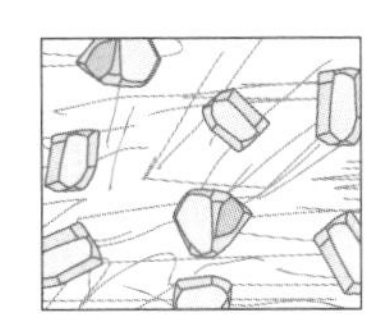

❸ それぞれの袋にチオ硫酸ナトリウムの小さな結晶を入れ，成長するようすを観察する。

❹ 袋の1つは，ある程度結晶が成長したところで，中身を流し出して急に冷やし，もう1つは，放置する。それぞれの結晶のつくりや大きさにどのようなちがいがあるか調べる。

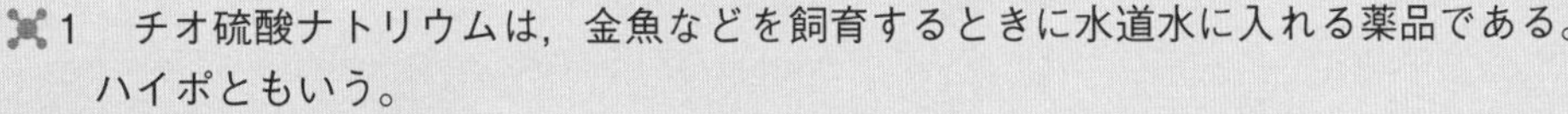

✕1 チオ硫酸ナトリウムは，金魚などを飼育するときに水道水に入れる薬品である。ハイポともいう。

やってみようのまとめ

A 氷水につけた方の結晶は小さく，湯に入れてゆっくり冷やした方の結晶は大きくなっていることがわかる。

B ある程度結晶が成長した状態は，マグマがゆっくりと冷えて鉱物が大きく成長して斑晶ができる状態のモデルである。このあと急激に冷やすと，小さな結晶の中に大きな結晶がある斑状組織のモデルとなる。そのまま放置した方は，室温になるまで全ては固まらないが，冷えると大きな結晶がくっついた状態となり，等粒状組織のモデルとなる。

やってみよう

火山の災害について調べてみよう

❶ 調べる火山について，インターネットや図書館などで資料を探す。

❷ 火山の噴火がもたらす影響(えいきょう)を，ハザードマップなどを参考にして，レポートなどにまとめる。

やってみようのまとめ

火山の噴火による災害の軽減や防災対策のために正しい知識を身につけ，ハザードマップなどを参考にして，日頃から備えておくことが大切である。

火山の噴火による影響

2021年11月11日　1年3組　彦田　梓

目的……浅間山が噴火した際の影響について調べる。

方法……インターネット，博物館，資料館，図書館で浅間山の噴火の歴史や災害について調べ，群馬県や浅間山付近の市町村のハザードマップから今後の噴火で火山災害が起きる可能性がある範囲について調べる。

結果……(1)災害について
1783年(天明３年)の大噴火では，溶岩流と大規模な火砕流が発生した。この火砕流によって多数の犠牲者が出たといわれている。また，火山灰は浅間山の東へと運ばれ，遠くは現在の東京都や千葉県銚子市にも降った。火砕流や火山灰は，その時に災害を起こしただけでなく，農作物への悪影響や水害のような二次災害を起こす原因にもなった。
(2)災害への備えについて
ハザードマップは，噴火の規模や雪が積もっている時期かどうかによってつくり分けられていることがわかった。大規模な噴火のハザードマップでは，火口，大きな噴石，火砕流，溶岩流などの想定される範囲が示されている。雪が積もる時期の地図には，火山噴火の熱によって雪が溶けることによって融雪型火山泥流が起きる可能性のある範囲が示されている。

考察……今後，浅間山で起きる可能性がある火山災害を調べ，ハザードマップを確認することで，災害に対して正しく備えることができる。

感想……高温の火砕流は時速百数十kmで流れ下ることもあるため，噴火が起きてからではなく，事前の噴火警戒レベルや噴火警報に注意して避難する必要があると思う。

章末問題

①地下の深いところにある岩石がどろどろにとけた高温の物質を何というか。
②火山の形や噴火のようすは何によって変わるか。
③火山灰や溶岩が黒っぽい火山では，マグマのねばりけは弱いか強いか。
④マグマの冷え固まった火成岩はでき方によってどのように分類できるか。
⑤安山岩のような火山岩と，花崗岩（かこうがん）のような深成岩のつくりをそれぞれ何というか。

①マグマ
②マグマのねばりけ
③弱い。
④地表や地表付近で急速に冷え固まってできた火山岩と，地下でゆっくりと冷え固まってできた深成岩に分類できる。
⑤火山岩：斑状組織，深成岩：等粒状組織

②マグマのねばりけが強い火山では，溶岩が流れにくいため，火口近くに盛り上がって，おわんをふせたような形の火山になる。気体成分が抜け出しにくいため，激しい爆発をともなう噴火になることが多い。反対にマグマのねばりけが弱い火山では，溶岩はうすく広がって流れるため，傾斜が緩やかな形の火山になる。気体成分が抜け出しやすいため，爆発的な噴火にはならず，穏やかな噴火が多い。
④⑤深成岩は，マグマがゆっくりと冷やされることでできる岩石である。マグマがゆっくり冷やされてできるので，マグマの中の鉱物は大きな結晶に成長し，同じくらいの大きさの鉱物が組み合わさったつくりとなる(等粒状組織)。火山岩は，マグマが急速に冷え固まってできる岩石である。マグマが急速に冷やされるため，大きな結晶には成長できず，小さな鉱物の集まりやガラス質が固まった石基となる。大きな鉱物の結晶を斑晶といい，そのまわりを石基が囲む火山岩のつくりを斑状組織という。

テスト対策問題

解答は巻末にあります。

時間30分　/100

1 火山が噴火するときには溶岩が流れ出るほかにいろいろなものを噴出する。図は，代表的な火山の形を模式的に示したものである。次の問いに答えよ。

A マウナロア　B 雲仙普賢岳　C 桜島

5点×7(35点)

(1) 噴出する火山ガスに最も多くふくまれる気体は何か。　(　　　)

(2) 地下にある岩石が高温のためどろどろにとけた物質を何というか。(　　　)

(3) 固形の火山噴出物を2つ答えよ。　(　　　)(　　　)

(4) 溶岩には，ねばりけが弱い溶岩とねばりけが強い溶岩がある。ねばりけが弱い溶岩が関係する火山は，図のA〜Cのどれか。　(　　)

(5) 激しい爆発をともなう噴火をする火山は，図のA〜Cのどれか。　(　　)

(6) 表面が滑らかで，黒っぽい岩石になる溶岩を噴出する火山は，図のA〜Cのどれか。　(　　)

2 右の図の2種類の火成岩のつくりについて，次の問いに答えよ。　5点×8(40点)

A　ア　イ　B

(1) 火成岩は何が冷えて固まってできた岩石か。　(　　　)

(2) Aのアの大きな結晶，イの小さい鉱物やガラス質の部分を何というか。

ア(　　　)　イ(　　　)

(3) Aのようなつくりを何というか。　(　　　)

(4) Bのようなつくりを何というか。　(　　　)

(5) A，Bのつくりのちがいは次のア〜ウのどれが原因か。　(　　)

ア　固まる物質の成分　　イ　固まる物質の色　　ウ　固まる速さ

(6) A，Bのつくりをもつ火成岩のなかまを何というか。

A(　　　)　B(　　　)

3 右の表は，6種類の火成岩を色やつくりをもとに分類したものである。この表について，次の問いに答えよ。　5点×5(25点)

種類＼色	黒っぽい	⟷	白っぽい
深成岩	斑れい岩	閃緑岩	A
火山岩	玄武岩	B	流紋岩

(1) 白っぽい岩石には無色鉱物が多くふくまれる。無色鉱物を2種類答えよ。　(　　　)(　　　)

(2) 白色や無色の無色鉱物に対し，黒っぽい鉱物を何というか。　(　　　)

(3) AとBの岩石名を答えよ。　A(　　　)　B(　　　)

単元4 大地の変化

2章 地震

① 地震の揺れの大きさ

テーマ　震度　マグニチュード　地震　震源　震央

教科書のまとめ

□震度　▶地震による，ある地点での地面の揺(ゆ)れの程度。

参考
震源(しんげん)からの距離(きょり)が同じ場合でも，地盤の性質や地震波の周期などによって揺れ方が異なることがある。

□マグニチュード(M)　▶地震そのものの規模を表す指標。

知識
マグニチュードの数値が１つ大きくなるとエネルギーは約32倍，２つ大きくなると1000倍になる。

□地震　▶地下の岩石に力が加わり，岩石がこの力に耐えきれなくなって破壊され，岩盤がずれる現象。

□震源　▶地下の岩石に力が加わり，岩盤の破壊が始まった点。

□震央　▶震源の真上の地表の点。
震源と震央，震源域の関係は，次の図のようになる。

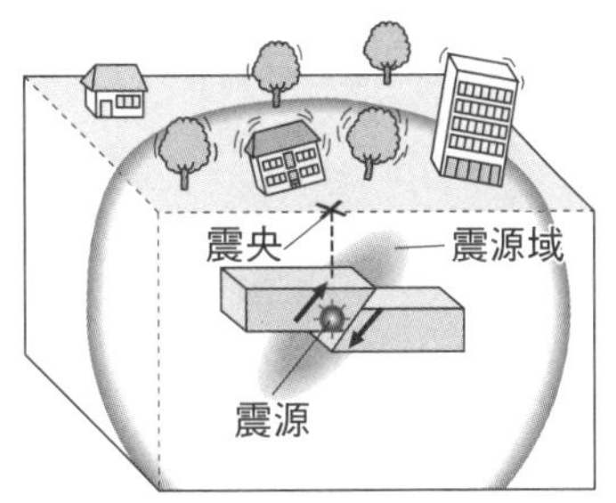

知識
岩盤がずれた場所を震源断層，震源断層付近の岩石が破壊された領域を震源域という。

 地面の揺れの伝わり方

テーマ 地面の揺れの広がり方　揺れが伝わる速さ

教科書のまとめ

□地面の揺れの広がり方	▶震源から四方に向けてほぼ同じ速さで広がっていく。したがって，震源から遠い地点ほど揺れ始めるまでには時間がかかる。
□地面の揺れが伝わる速さ	▶次の式で求められる。 $\text{速さ〔km/s〕} = \dfrac{\text{震源からの距離〔km〕}}{\text{地震が発生してから地面の揺れが始まるまでの時間〔s〕}}$

教科書 p.225

実習のガイド

実習1 地震による地面の揺れの広がり方

❶ 10秒間ごとに図中の○を色分けする。

地震が発生してから各地で揺れ始めるまでの時間を10秒間ごとに色を変えて塗る。

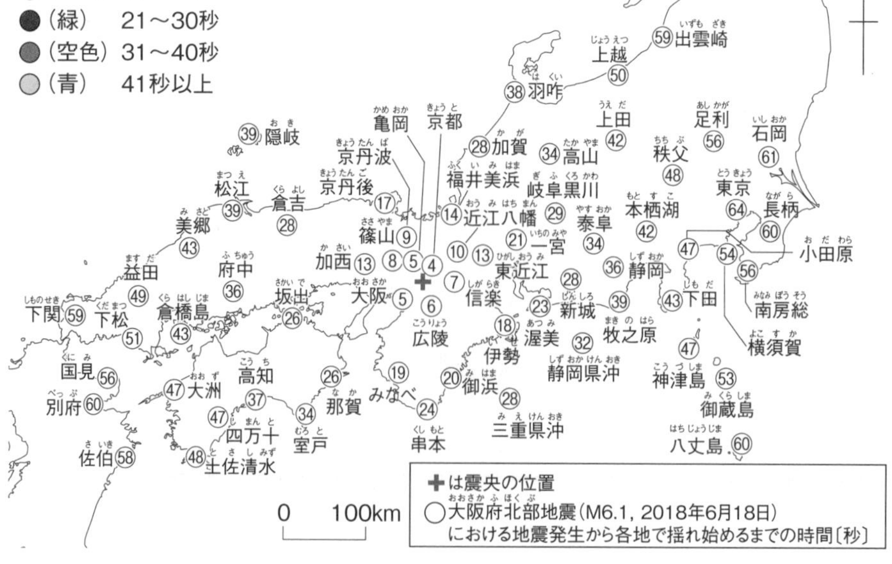

実習の結果

色分けした10秒ごとの境界はほぼ等間隔の円になった。

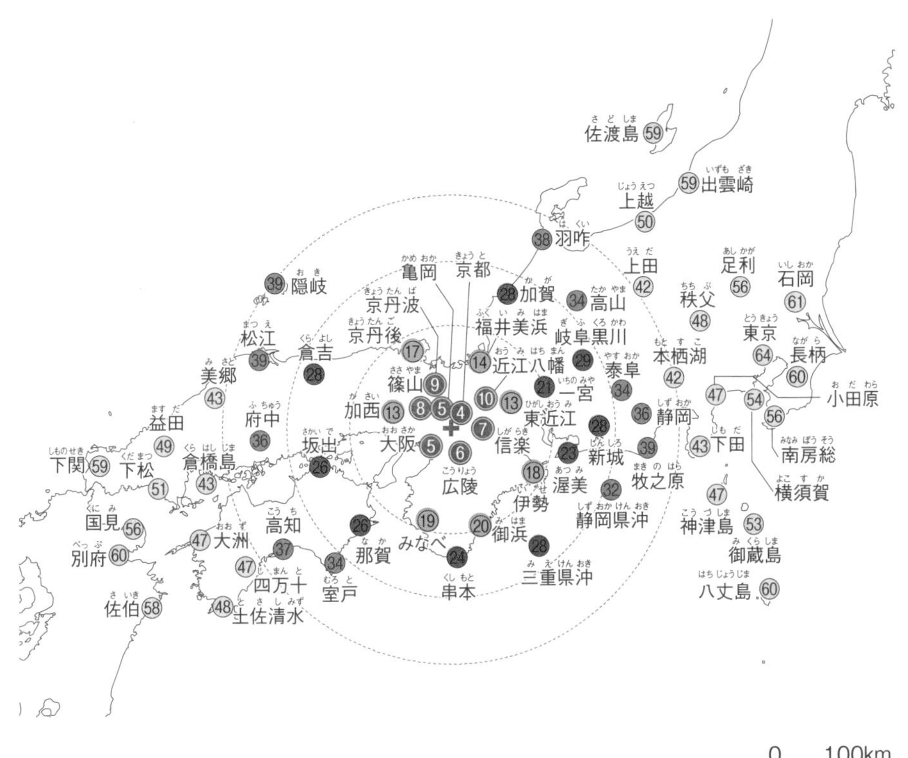

結果から考えよう

①揺れ始めるまでの時間は，震源からの距離とどのような関係があると考えられるか。

→震源からの距離が遠いほど，揺れ始めるまでの時間がかかる。

②地面の揺れは，東西南北の方向にどのように伝わると考えられるか。

→震央から同心円状に伝わっていく。揺れは震源から四方に，ほぼ同じ速さで広がっていく。

③ 地面の揺れ方の規則性

テーマ　初期微動　主要動　P波　S波　初期微動継続時間　地震計

教科書のまとめ

□初期微動	▶地震の揺れにおける，はじめの小さな揺れ。
□主要動	▶初期微動の後に続く，大きな揺れ。
□P波	▶初期微動を引き起こす速い波。
□S波	▶主要動を引き起こす遅い波。
□初期微動継続時間	▶初期微動が続く時間。P波とS波の到着時刻の差で，震源から遠くなるほど長くなる。

教科書 p.229

実習のガイド

実習2　地震による地面の揺れの伝わり

❶　各地点のP波が届くまでの時間を図からそれぞれ読みとる。

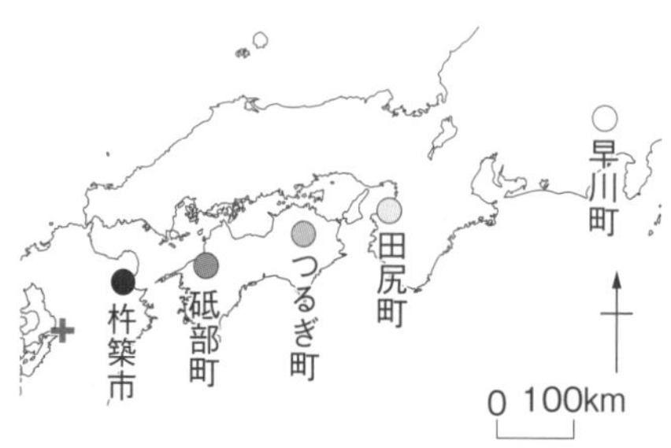

❷　各地点のS波が届くまでの時間を図からそれぞれ読みとる。

❸　各地点の初期微動継続時間を求める。

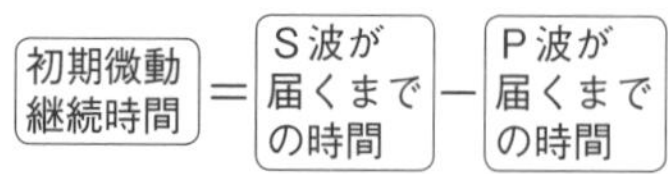

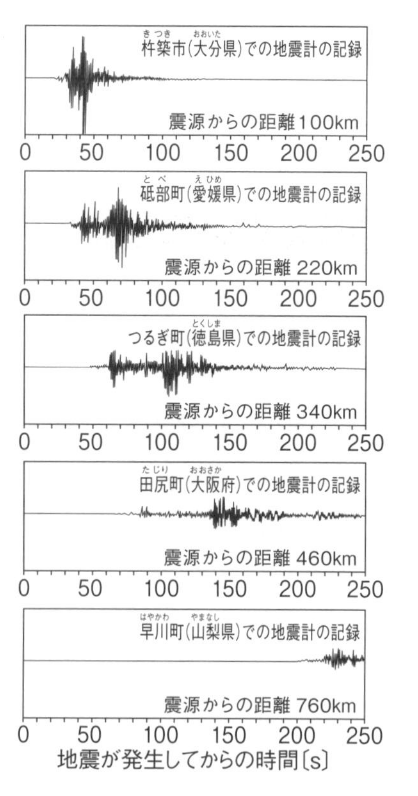

実習の結果

地点	震源からの距離	P波が届くまでの時間	S波が届くまでの時間	初期微動継続時間
杵築市(大分県)	100km	16秒	32秒	16秒
砥部町(愛媛県)	220km	33秒	65秒	32秒
つるぎ町(徳島県)	340km	49秒	105秒	56秒
田尻町(大阪府)	460km	63秒	130秒	67秒
早川町(山梨県)	760km	102秒	216秒	114秒

結果から考えよう

初期微動継続時間は，震源からの距離(きょり)とどのような関係にあると考えられるか。

→P波の方がS波よりも速く伝わるため，震源から遠くなるほど，P波とS波が届くまでの時間の差は大きくなる。そのため，初期微動継続時間は震源からの距離が遠いほど長くなる。初期微動継続時間から，震源までのおよその距離を知ることができる。

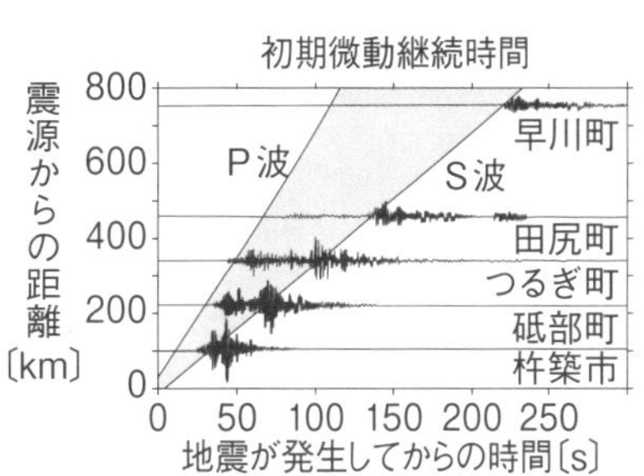

教科書 p.230

例題

実習２の地震で，初期微動が20秒続いた地点Aは，震源から何km離れていたか。

(解答例)

実習２の結果より，P波が震源から100km離れた地点に伝わるのに16秒，S波が伝わるのに32秒かかることから，P波・S波の速さは次のように求められる。

P波：$\dfrac{100\text{km}}{16\text{s}}=6.25\text{km/s}$ →6.3km/s　　S波：$\dfrac{100\text{km}}{32\text{s}}=3.125\text{km/s}$ →3.1km/s

地点Aの距離(きょり)をx kmとすると，地震発生後に

P波が届(とど)くまでの時間：$\dfrac{x}{6.3}$秒　　S波が届くまでの時間：$\dfrac{x}{3.1}$秒

となる。地点Aでは，初期微動継続時間が20秒であるから，地点AへS波が届くのは，P波が届いてから20秒後になるため，

$\dfrac{x}{3.1}=\dfrac{x}{6.3}+20$　　$x=122.0625\cdots\rightarrow 122$　　答え　122km

地震の災害

テーマ　津波　隆起　沈降　液状化　緊急地震速報　津波警報

教科書のまとめ

□**地震の災害**　▶地震によって，崖崩れや地割れが起こったり，道路や堤防，建物などが壊れたりすることがある。

□**液状化**　▶地面が流動化する現象。埋立地や川沿いなどの水を含むやわらかい土地で起こりやすい。地面から土砂や水がふき出すだけでなく，地中の下水管をもち上げたり，地面を大きく変形させたりして，地上の建物を傾かせることもある。

□**津波**　▶海底で起こった地震によって生じる海水のうねり。大きな被害をもたらすことがある。

□**隆起**　▶地震などによって土地がもち上がること。

□**沈降**　▶地震などによって土地が沈むこと。

□**緊急地震速報**　▶最大震度が5弱以上と予想された場合に，地震の発生時刻や発生場所(震源)，震央地名，震度５弱以上および震度４が予想される地域名について，気象庁から発表される速報。

> **知識　緊急地震速報のしくみ**
> 地震が発生すると，震源に最も近い地震計で観測されたＰ波を解析して震源の位置や地震のマグニチュードを推定し，震源から離れた地域でのＳ波の到達時刻や震度を測定する方法と，地震計の揺れから直接揺れを予想する方法とで速報が出されている。Ｐ波の速さが速く，Ｓ波の速さが遅いことを利用しているので，震源に近い地域では，速報よりもＳ波の到達がはやいこともある。

□**津波警報**　▶気象庁から発表される，津波の高さの予想。予想される津波の高さが高いところで３ｍ以上のときは大津波警報，１ｍを超え，３ｍ以下のときは津波警報が気象庁から発表される。

やってみよう

地震によって起こる液状化の現象を実験で確かめてみよう

❶ ビーカーなどに砂と水を入れ，砂の高さの位置に目印をつける。
❷ ❶に発泡ポリスチレンの球を砂に埋めたり，小石などを砂の上に置いたりする。
❸ ビーカーを箱などの上にのせ，細かく振動させてポリスチレンの球や小石などがどのようになるか，ようすを観察する。

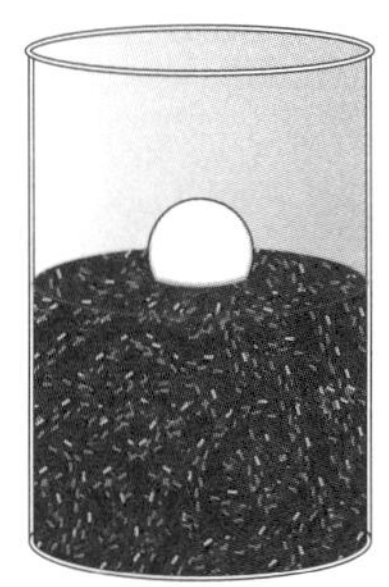

やってみようのまとめ

ビーカーをのせた箱を振動させると，土の表面に水がわき上がってきた。さらに箱を振動させると，砂に埋めた発泡ポリスチレンの球が表面に現れ，砂の上に置いた小石は沈んでいった。
これらのことから，発泡ポリスチレンの球のように密度が小さいものは，地震の振動によって地上に出てくることがわかる。地中の下水管が地表に出てくるのはこのためであると考えられる。また，小石のように密度の大きいものは，地震の振動によって地中に沈んでいくことがわかる。地表の建物は，このようにして傾き，沈んでいくと考えられる。

章末問題

①地震のはじめの小さな揺れと，次の大きな揺れを何というか。
②初期微動継続時間が長いとき，震源からの距離は近いか遠いか。
③地震が海底で起きたときに注意すべき現象は何か。

①小さな揺れ：初期微動，大きな揺れ：主要動
②遠い。
③津波

テスト対策問題

解答は巻末にあります。

時間30分　/100

1 次の(　　)に適する語句を入れよ。　5点×8(40点)

(1) 岩盤の破壊が始まった点のことを①(　　　　)といい，その真上の地表の点を②(　　　　)という。

(2) 地震のはじめの小さい揺れを③(　　　　)といい，そのあとに続く大きな揺れを④(　　　　)という。このように２つの揺れが見られるのは，地震が起こると速さのちがう２つの波が同時に生じるためで，速さの速い波を⑤(　　　　)といい，遅い波を⑥(　　　　)という。

(3) 地震によるある地点での地面の揺れの程度は⑦(　　　　)で表し，10段階に分けられる。地震の規模(エネルギーの大きさ)は⑧(　　　　)で表される。

2 右の図は，ある２地点で観測した地震計の記録である。次の問いに答えよ。　6点×7(42点)

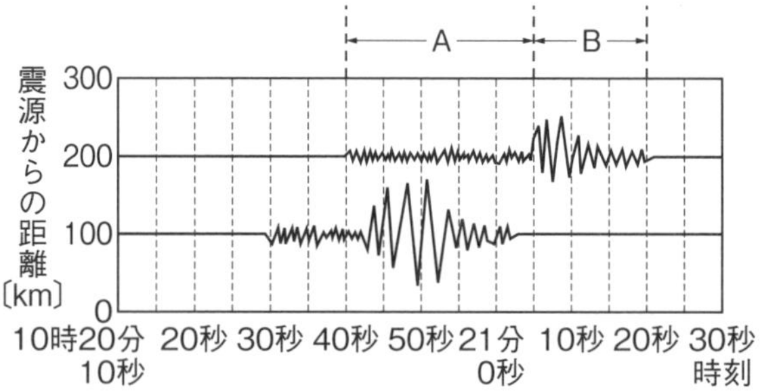

(1) Aの揺れを何というか。　(　　　　)

(2) Bの揺れを何というか。　(　　　　)

(3) A，Bの揺れは何という波による揺れか。　A(　　　　)　B(　　　　)

(4) (3)の２つの波が届くまでの時刻の差を何というか。　(　　　　)

(5) (4)の時間は地震の何と関係するか。次のア〜ウから選べ。　(　　)

ア　震度　　イ　地震の規模(マグニチュード)　　ウ　震源からの距離

(6) 地震が発生した時刻は10時何分何秒ごろか。次のア〜キから選べ。　(　　)

ア　20分10秒　　イ　20分15秒　　ウ　20分20秒　　エ　20分25秒

オ　20分30秒　　カ　20分43秒　　キ　21分５秒

3 地震について書いた次の文で，正しいもの３つに○をつけよ。　6点×3(18点)

(1) (　　) 地震が海底で起こると，津波が発生することがある。

(2) (　　) 地震で土地が急にもち上がることを沈降，沈むことを隆起という。

(3) (　　) 地震で，震源から遠い地点ほど，揺れ始めるまでの時間は遅い。

(4) (　　) 地震が発生してから揺れ始めるまでの時間は，震源からの距離とは関係ない。

(5) (　　) 地震は震央からほぼ同心円状に伝わる。

(6) (　　) マグニチュードは日本では０〜７階級の10段階に分けられている。

単元4 大地の変化

3章 地層

① 地層のでき方

テーマ　風化　侵食　運搬　堆積

教科書のまとめ

□風化 ▶地表の岩石が，長い間に気温の変化や水のはたらきなどによって，表面からぼろぼろになって崩(くず)れる現象。

□侵食 ▶風化によってもろくなった岩石を，風や流水などが削(けず)っていくはたらき。流水による侵食が進むと流れにそって谷が刻まれ，長い時間侵食が続くと，平らな土地に深い谷(V字谷(ブイじこく))ができる。

□運搬 ▶流水が，川の上流で削りとった土砂(どしゃ)(れきや砂や泥(どろ))を下流へ運んでいくはたらき。

□堆積 ▶流水で運ばれてきた土砂が，流れが緩(ゆる)やかなところでたまること。中流や下流では扇形(おうぎがた)の平らな土地(扇状地(せんじょうち))や広い平野がつくられ，流水が海や湖に流れこむところでは三角形の低い土地(三角州(さんかくす))がつくられる。

　粒の大きいものほど早く沈むため，層の下の方には粒の大きいものが，上の方には粒の小さいものが堆積する。また，泥などの粒の小さいものは潮の流れなどにのって沖合(おきあい)に運ばれるため，河口にはれきや砂が，沖合には泥が堆積する。

Science Press

グランドキャニオン

　グランドキャニオンはアメリカ合衆国のコロラド高原にある巨大(きょだい)な谷である。7千万年〜3千万年前にかけて海底が隆起(りゅうき)して大高原ができ，500万年前ごろからコロラド川によって侵食が始まり，谷が発達してきた。現在のような谷の形になったのは約200万年前だが，侵食は今も続いている。

やってみよう

土砂の堆積のようすを調べてみよう

❶ トレーにれき，砂，泥を混ぜて盛り，トレーを少し傾けて水を入れる。次に，斜面の上から水をそっとかける。

❷ ペットボトルの容器に水と土砂を入れ，よく振って混ぜ合わせ，素早く水平な場所に置く。

❸ 筒の容器に水を入れ，上かられき，砂，泥を混ぜた土砂を落とす。

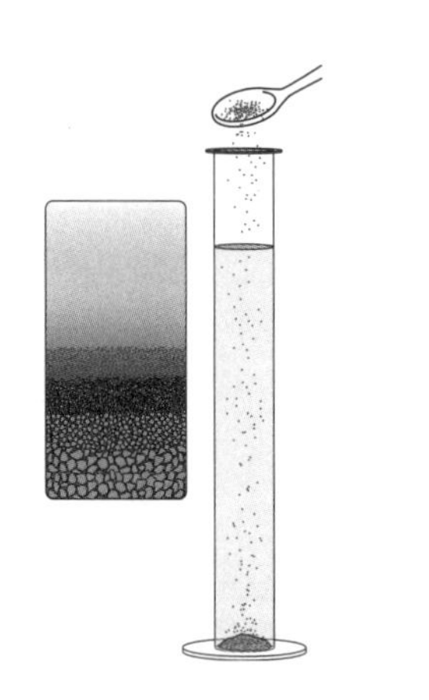

やってみようのまとめ

❶・この実験は，土砂が海や湖に流れこむ場合のモデルである。
・れき，砂，泥が水によって流されるが，粒が大きいれきほど早く堆積し，粒の小さい泥ほど遠くまで流された。れきの表面についている泥なども洗い落とされた。

❷・粒の大きいれきほど早く沈んだ。れきの表面についている泥なども洗い落とされた。
・土砂を入れると，下から粒の大きいれき，小さいれき，細かい砂の順で連続的に堆積した層ができ，その上に泥の層ができた。
・各層はほぼ水平に堆積した。

❸・粒の大きいれきほど早く沈んだ。
・土砂を入れると，下かられき，砂，泥の順で連続的に堆積した層ができた。
・各層はほぼ水平に堆積した。

❷ 地層の観察

テーマ　地層の重なり方　断層　しゅう曲　地層のつながり　鍵層

教科書のまとめ

□地層の重なり方	▶ふつう地層の下にある層ほど古く，上の層ほど新しい。古い地層ほど粒がしっかりとつまって，かたくなっていることが多い。
□断層	▶横から押す力や横に引っ張る力がはたらいて，地層が切れてずれることによってできたくいちがい。
□しゅう曲	▶地層に力がはたらいて，押し曲げられたもの。曲がり方がゆるやかなものや強く折れ曲がったものがある。
□地層のつながり	▶ボーリング調査でとり出した，離(はな)れた地点の試料に見られる地層の積み重なりを柱状図などを用いて詳しく調べて比較すると，地層の広がりがわかる。
□鍵層(かぎそう)	▶地層の広がりを知る際に目印となる層。広域火山灰の層など。

教科書 p.239

観察のガイド

観察4　地層の観察⇨✖1～3

❶　地層全体のようすを観察する。

地層の広がり，重なり，傾きなどを調べる。

❷　それぞれの層の特徴(とくちょう)を観察する。

層の厚さ，色，粒の並び方や大きさなどを調べ，層の重なり方をスケッチする。

化石があるか，火山灰や軽石(かるいし)の層があるかも調べる。

❸　層と層の境目のようすを観察する。

層の境目の上と下で，粒の大きさや色などの特徴のちがいを調べる。

✖1　注意 危険な場所には立ち入らない。
✖2　注意 崖(がけ)からの落石に注意する。
✖3　注意 ハンマーを使うときは，まわりの人を傷つけないようにする。

観察の結果

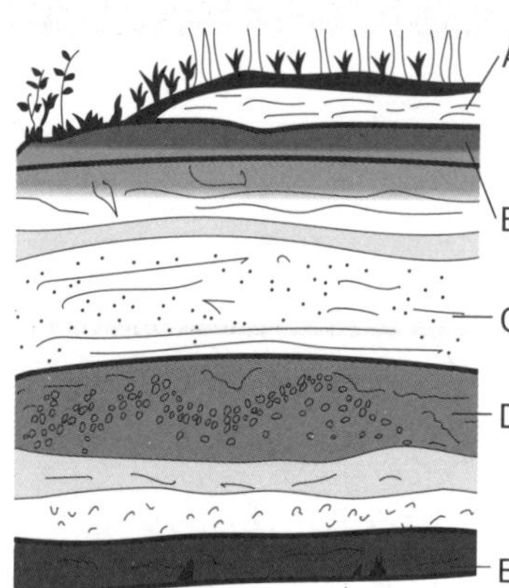

❶・地層はほとんど水平に重なっていた。
・高さ10mくらいの露頭に5つの層が見られた。
❷・近くで観察すると地層はさらに細かく分かれていた。
・火山灰の層，泥の層，砂の層，化石を含む層などが観察できた。
❸・層と層の境目は分かれていた。

結果から考えよう

①上の層と下の層ではどちらが先にできたと考えられるか。
→下の層
②化石があった場合，地層が堆積した当時はどのような場所であったと考えられるか。
→発見された化石によって，当時のようすがわかる。貝の化石が入っていることから，当時この地域は海底であったと考えられる。

結果のまとめ

・上の層は，火山灰や軽石の層なので，当時この地域で火山の噴火があったと考えられる。細かい層に分かれていたので，いくつかの火山の噴火が関係していると考えられる。
・下の砂の層は，貝などの化石が入っていることから，当時この地域は海底であったと考えられる。
・地層の重なり方から，この地域は海水面の下降もしくは土地の隆起があったと考えられる。

教科書 p.243

やってみよう

柱状図から地層の広がりを考えてみよう

❶ 下のA～E地点の柱状図を参考に，右の図のB～Eに地層をかきこむ。

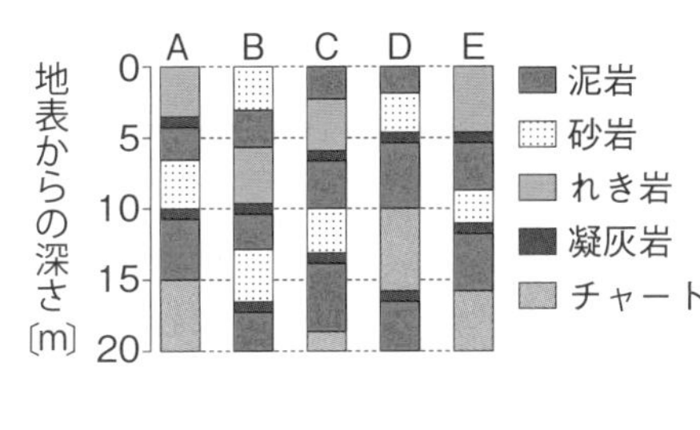

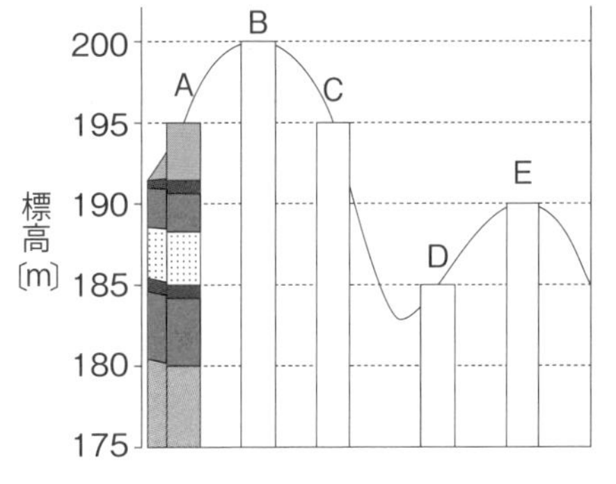

❷ 各層を結んで，地層の広がり方を再現する。

やってみようのまとめ

地層はつながっていることがわかる。

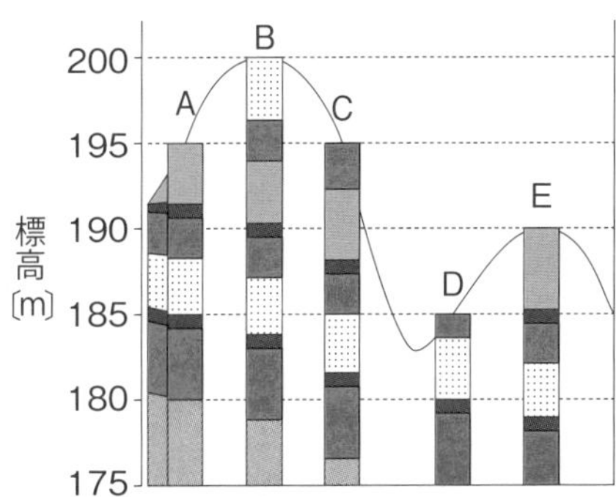

教科書 p.243

Science Press

広域火山灰

爆発的(ばくはつてき)な大噴火(ふんか)によって空高くふき上げられた火山灰で，日本全国を覆(おお)うほどの広い地域に分布したものを，広域火山灰という。

右の図は2万9千年前の姶良(あいら)カルデラの大噴火による火山灰の地層の厚さの分布である。

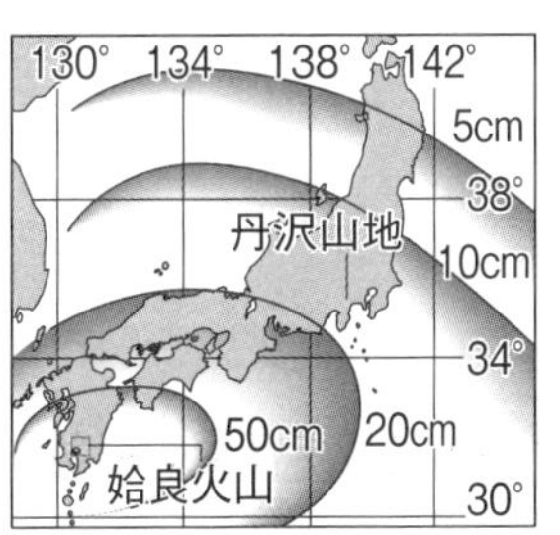

③ 堆積岩と化石

堆積岩　示相化石　示準化石　地質年代

教科書のまとめ

□堆積岩	▶海底や湖底に積もったれき・砂・泥などが長い間に隙間が詰まり，固まってできたかたい岩石。
□示相化石	▶地層が堆積した当時の環境を示す化石。
□示準化石	▶地層が堆積した年代を示す化石。離れた地域の堆積岩の地層が同時代にできたかどうかを調べる手がかりになる。
□地質年代	▶化石などから決められる地球の歴史の時代区分。

教科書 p.245

観察のガイド

観察5 堆積岩の観察

❶ 堆積岩を粒の大きさで分ける。
れき岩，砂岩，泥岩をつくっている粒の大きさのちがいを観察する。

❷ 堆積岩と火成岩を比べる。
堆積岩と，火成岩をつくっている粒にちがいがあるか，形や集まり方に注目して観察する。

❸ 石灰岩とチャートを比べる。
石灰岩とチャートにスポイトで塩酸（5％）を2～3滴かけたときのようすを観察する。⇨✖1

❹ 化石を含んでいるか調べる。

✖1 注意 保護眼鏡をかける。

観察の結果

❶❷ れき岩の粒は直径2mm以上で，丸みがあった。大きさや形がさまざまなれきが見られた。砂岩の粒は直径0.06～2mmで，丸みがあった。粒は詰まっていた。泥岩の粒は直径0.06mm以下で，ほとんど見えなかった。堆積岩の粒は丸みのあるものが多く，火成岩の粒は角ばっているものが多かった。

❸ 石灰岩は灰色だった。傷がつきやすく，うすい塩酸をかけると二酸化炭素の泡が出た。チャートは石灰岩よりもかたく，塩酸をかけても泡は出なかった。

結果から考えよう

①れき岩，砂岩，泥岩の粒の大きさにどのようなちがいがあるか。

→粒の直径が2mm以上がれき岩，0.06〜2mmが砂岩，0.06mm以下が泥岩。

②れき岩や砂岩をつくっている粒と，花崗岩や安山岩をつくっている粒の形に，どのようなちがいがあるか。

→れき岩や砂岩の粒は丸みを帯びていて，花崗岩や安山岩の粒は角ばっている。

③石灰岩とチャートに塩酸をかけたときに反応したのはどちらか。またどのような気体が発生したと考えられるか。

→反応したのは石灰岩である。二酸化炭素が発生した。

教科書 p.247

やってみよう

化石を観察してみよう

❶ 化石はどのような岩石に含まれているか。

❷ 観察した化石から，それらの生物はどのようなところ(環境)で生活していたか考えよう。

❸ 観察した化石から，それらの生物はいつごろのものか調べてみよう。

フズリナの化石

やってみようのまとめ

化石は堆積岩の地層中で見つかることがある。フズリナは，古生代に生存した，温暖な地域の海底付近で生活していたと考えられる生物である。

教科書 p.249

章末問題

①地表の岩石は，長い年月の間に気温の変化や水のはたらきによってぼろぼろになって崩れる。このような現象を何というか。

②地層を観察したら凝灰岩の地層が見られた。この地層からどんなことが推測されるか。

③れき岩をルーペで観察したら，粒(つぶ)に丸みがあった。なぜ丸みがあるのか。

④石灰岩にうすい塩酸をかけたら，気体が発生した。何という気体が発生したか。

⑤アンモナイトの化石のように，地層ができた時代を推測するのに役立つ化石を何というか。

解答

①風化　②過去に火山の噴火があったこと。

③れきが流水で運ばれるときに，角がとれたから。

④二酸化炭素　⑤示準化石

単元4 大地の変化

4章 大地の変動

① 火山や地震とプレート ② 地形の変化とプレートの動き ③ 自然の恵みと災害

テーマ プレート　海嶺　海溝型地震　内陸型地震　海岸段丘

教科書のまとめ

□プレート	▶地球の表面を覆っている，十数枚のかたい板。日本付近ではユーラシアプレート，フィリピン海プレート，北アメリカプレート，太平洋プレートが押し合っている。
□海嶺(かいれい)	▶太平洋や大西洋，インド洋などの海底にそびえる大山脈で，ここで海のプレートがつくられている。 **知識** 海溝・トラフ 海底の溝状にへこんだ地形で，海のプレートが陸のプレートの下に沈みこむ場所にできる。海溝と同じような地形で，深さが浅いものをトラフという。
□海溝型地震	▶陸のプレートの下に海のプレートが沈みこんでいる境界付近でのゆがみが限界に達すると，陸のプレートがはね上がる。このときに発生する地震。震源は太平洋側で浅く，日本海側にいくにつれて深くなっている。マグニチュード８や９の日本付近の大きな地震は海溝型地震である。
□内陸型地震	▶海のプレートに押された陸のプレート内のゆがみによって岩盤が破壊され，起こる地震。プレートの境界で起こる地震と比べてマグニチュードは小さいが，人が生活する場所に震源が近いため，大きな被害が生じることがある。
□海岸段丘	▶海岸近くで，地震によって急激に土地が隆起してできる，階段状の地形。 **参考** 河岸段丘(かがんだんきゅう) 川沿いに見られる階段状の地形。大地の隆起や海水面の低下によって，大地を削る力が大きくなってできる。
□自然の恵みと災害	▶自然のもたらすものにはさまざまな恵みや災害がある。 ・災害…泥流，土石流，地滑り(じすべり)，崖崩れ，山の崩壊(ほうかい)など。 ・恵み…ミネラル豊富な土壌(どじょう)，豊富な湧水(ゆうすい)，温泉など。

やってみよう

どのような場所に火山や地震が多いか調べてみよう

透明シートに，教科書p.250のプレートの境界の図を写しとり，地形や火山・震源の図と重ねて，どのような場所に火山や地震が多いか調べる。

やってみようのまとめ

次の図は2002～2012年に発生した地震の震央と火山の分布のようすである。震央の分布は●で，マグニチュード4.5以上，震源の深さが200kmより浅いもの，火山は△で示してある。地震や火山の分布は，プレートの境界と一致している。

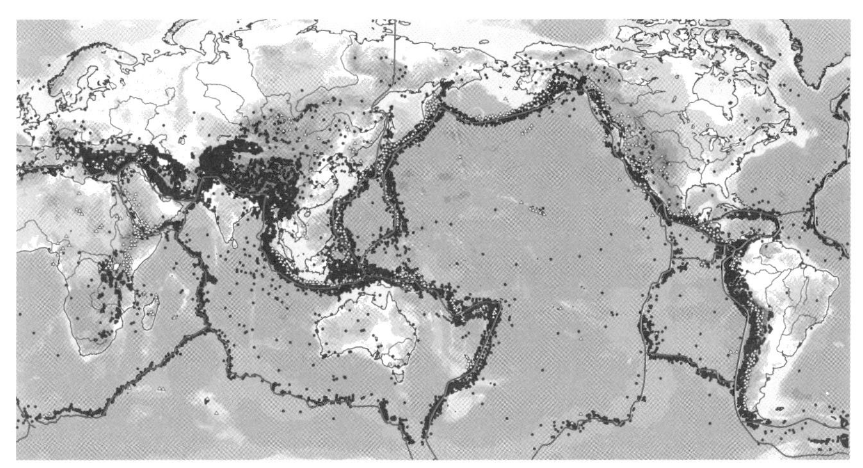

日本列島付近では，４枚のプレートが押し合っており，海のプレートが陸のプレートの下に沈みこんでいる。このようなプレートの境界では，地震が発生しやすく，また，マグマも発生しやすくなるため，火山列がつくられる。

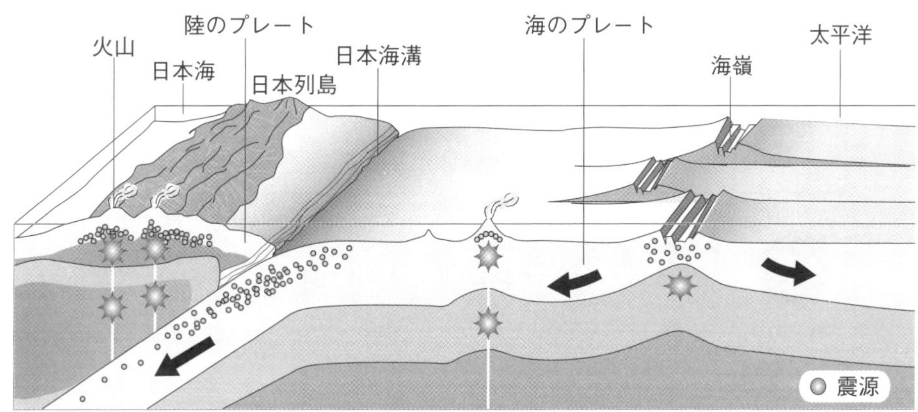

やってみよう

自然の恵みや災害について調べてみよう

私たちが，地球からどのような恵みを受けているのか，また，自然のもたらす災害や，災害を防ぐ工夫について調べてみよう。

❶ インターネットで調べる。

❷ 図書館や博物館，科学館など地域の施設(しせつ)を利用して調べる。

❸ 身のまわりに詳(くわ)しい人がいれば，聞きとり調査を行う。

❹ 調べたことを発表してまとめる。

やってみようのまとめ

●自然の災害

・火山の噴火の後に雨が降ると，泥流や土石流が起こる。

・噴火や地震によって，大規模な地滑りや崖崩れ，山の崩壊など，大きな被害が起こることがある。

・震源が遠くても，津波が発生して被害があることがある。

例：1960年のチリ地震。地震発生から22時間半後に日本を津波が襲った。

●自然の恵み

・地中にしみこんだ雨水となって現れ，果樹栽培や畑作などに利用されることが多い。

・火山岩や火山灰でできた土地は，カリウム，リンなどのミネラル成分が多いため，農作物の栽培に役立つ。

・変化に富む景色や温泉など，観光地にもなっている。

章末問題

①地震や火山の帯は，何の境界を示しているか。

②日本付近で震源が深いのは，太平洋側か日本海側か。

③陸のプレートどうしの押(お)し合いが長い間続くと，境界に何ができるか。

①プレート　②日本海側　③高い山

テスト対策問題

解答は巻末にあります。

時間30分　　/100

1 図１は海底の堆積物，図２は図１のA地点を掘り下げて調べた地層を示している。次の問いに答えよ。　8点×7(56点)

図１
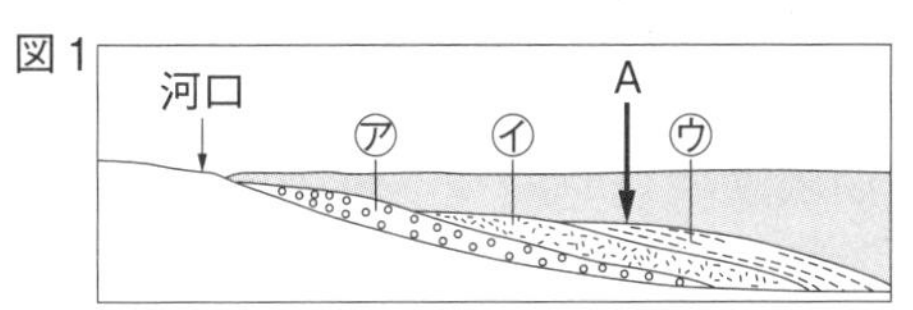

図２
A　泥
B　貝の化石が見られる
C　れき
D　火山灰でできている
E　泥

(1) 川から泥，砂，れきが流れこんだとすると，㋐，㋑，㋒はそれぞれ何が集まって堆積したものか。

㋐(　　　)　㋑(　　　)　㋒(　　　)

(2) 地層の重なり方を示した図２のような図を何というか。　(　　　)

(3) 図２の上と下の層では，どちらが先に堆積した古い地層か。　(　　　)

(4) 堆積した当時に火山活動があったと判断できるのは，図２のA～Eのどの地層か。　(　　)

(5) Dの地層がかたい岩石になっているとすれば何という岩石か。　(　　　)

2 右の図はある場所の地層の柱状図である。次の問いに答えよ。　8点×3(24点)

A　れき岩
B　泥岩
C　砂岩
D　れき岩
E　サンゴの化石をふくむ石灰岩
F　砂岩

(1) 塩酸をかけると泡を出してとける岩石をふくむ地層はA～Fのどれか。　(　　)

(2) E層が堆積した場所はどのようなところと考えられるか。次のア～エから選べ。　(　　)

ア　ごく浅い冷たい海　　イ　深くて冷たい海

ウ　ごく浅いあたたかい海　　エ　深くてあたたかい海

(3) 地層が堆積した当時の環境のようすを知る手がかりになる化石を何というか。　(　　　)

3 右の図は，日本付近の地下のようすである。次の問いに答えよ。　5点×4(20点)

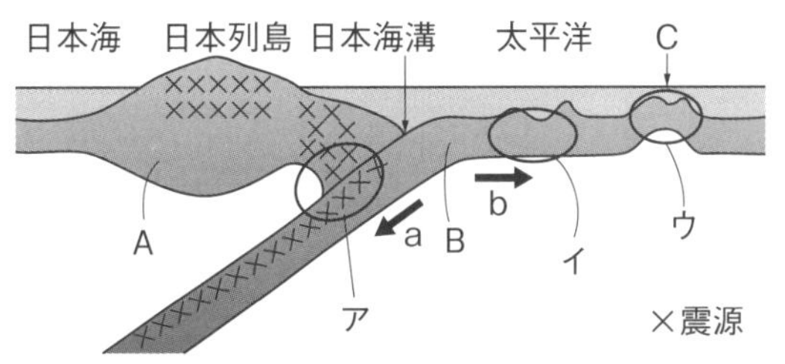

(1) 地球表面を覆うかたい板A，Bを何というか。　(　　　)

(2) 海底にそびえる大山脈Cを何というか。　(　　　)

(3) Bの部分は少しずつ動く。a，bどちらの向きに動くか。　(　　)

(4) 地下の岩石にひずみがたまりやすいのは図のア～ウのどこか。　(　　)

単元4 大地の変化

探究活動 課題を見つけて探究しよう

震源はどこか

テーマ　P波　S波　初期微動継続時間　震源の位置

教科書のまとめ

□P波の速さ ▶およそ6km/s

□S波の速さ ▶およそ4km/s

参考 P波とS波

P波はPrimary wave，S波はSecondary waveの略。

□初期微動継続時間 ▶初期微動継続時間の長さは，震源からの距離が遠くなるほど，長くなる。

教科書 p.260

やってみよう

震源はどこか

❶ 地震が発生したとき，どのようにして地震が発生した場所(震源)をつきとめているかを考える。

❷ 地震の震源をつきとめるために必要な情報を考える。

① 初期微動の始まった時刻，主要動の始まった時刻から初期微動継続時間を求める。

観測地	A 地点	B 地点	C 地点
初期微動開始時刻	12:25:30	12:25:32	12:25:36
主要動開始時刻	12:25:31	12:25:34	12:25:40
初期微動継続時間〔s〕	1	2	4

② 初期微動継続時間から震源までの距離を計算する。

❸ 複数の地点の，震源までの距離の関係を図で表す。

やってみようのまとめ

P波の速さを6km/s，S波の速さを4km/sとすると，例えば，震源から60km離れた地点では，P波は60kmの距離を10秒で伝わり，S波は60kmの距離を15秒で伝わる。つまり，60kmの地点ではP波が到着してから5秒後にS波が到着する。

60km÷5s＝12km/s　より，初期微動継続時間が1秒長くなるごとに，震源からの距離が12km遠くなるといえる。これより，A地点，B地点，C地点の震源までの距離は，それぞれ12km，24km，48kmとなる。

次に，震央の位置を求める。

10kmを5mmとして考え，A地点を中心に半径6mmの円，B地点を中心に半径1.2cmの円，C地点を中心に半径2.4cmの円をそれぞれかく。

A，B，Cの円の交わったところを結んで線を引く。3本の線の交わったところが震央となる。

震源は震央の真下にある。

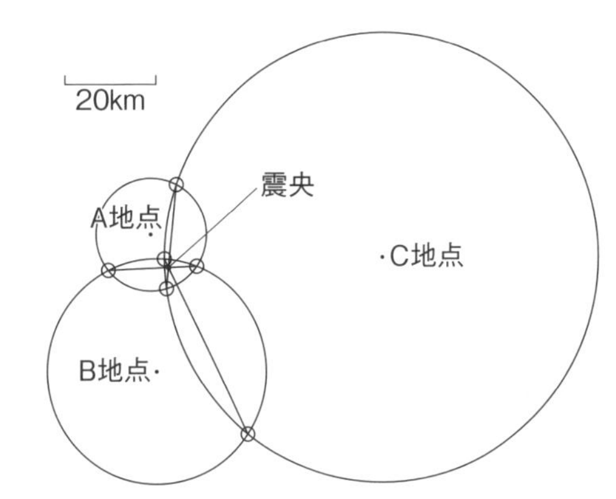

振り返ろう

震源を素早く推定する技術がどのように生活に活(い)かされているか考えてみよう。

→地震が発生した直後に発表される緊急地震速報によって，身を守る行動をとることができる。

単元末問題

1 火山の活動

①火山は，地下にある岩石がどろどろにとけた物質になって上昇して地表にふき出し，周辺に積み重なってできる。このどろどろにとけた物質を何というか。

②①の物質が地表にふき出す現象を何というか。

③②のときにふき出された物質を何というか。

解答 ①マグマ
②噴火　③火山噴出物

考え方 ②水や二酸化炭素などがとけこんでいる地下のマグマが上昇してくると，これらの気体成分が気泡になって出てくる。気泡によってマグマが爆発(ばくはつ)的に膨張(ぼうちょう)した結果，噴火が起こる。

2 マグマのねばりけと火山の形

図AとBは，火山の断面の形を模式的に表したものである。これについて，次の問いに答えなさい。

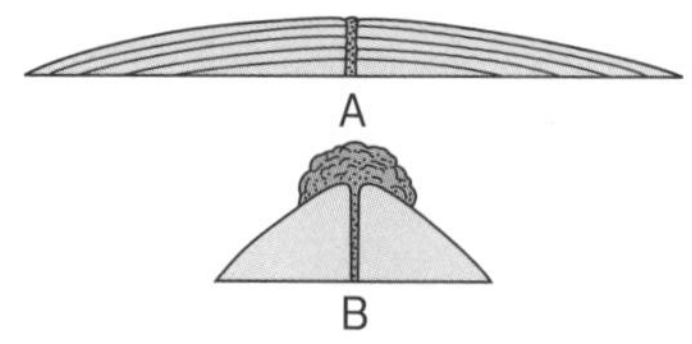

①図のAとBでは，マグマのねばりけはどちらが強いか。

②図のAとBでは，爆発的な噴火をするものはどちらか。

③図のAとBでは，溶岩が黒っぽいものはどちらか。

解答 ①B　②B　③A

考え方 ①マグマのねばりけが弱いと溶岩はうすく広がって流れ，マグマのねばりけが強いと溶岩は流れにくく盛り上がる。

②マグマのねばりけが弱いと気体成分が抜け出しやすいため，穏やかな噴火を起こすことが多い。マグマのねばりけが強いと気体成分が抜け出しにくいため，激しい爆発をともなう噴火を起こすことが多い。

③ねばりけの弱いマグマからできた溶岩は黒っぽく，ねばりけの強いマグマからできた溶岩は白っぽい。

3 火成岩

図は安山岩と花崗岩を観察したときのスケッチである。これについて，次の問いに答えなさい。

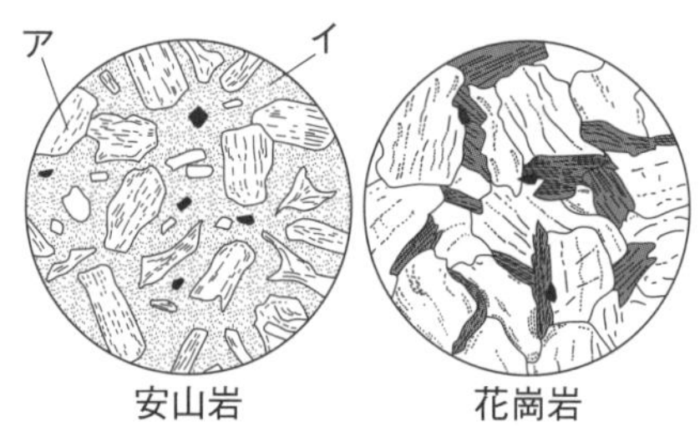

①安山岩や花崗岩のように，マグマの冷え固まった岩石をまとめて何というか。

②安山岩のように，マグマが地表や地表付近で急速に冷え固まってできた岩石を何というか。

③安山岩のようなつくりを何というか。

④アとイの部分をそれぞれ何というか。

⑤花崗岩のように，マグマが地下でゆっくりと冷え固まってできた岩石を何というか。
⑥花崗岩のようなつくりを何というか。
⑦花崗岩が白っぽく見えるのはなぜか。

解答 ①火成岩　②火山岩
③斑状組織
④ア：斑晶　イ：石基
⑤深成岩
⑥等粒状組織
⑦無色鉱物の割合が多いから。または，有色鉱物の割合が少ないから。

4 地震による地面の揺れの広がり方

図１は，地震計の記録で，図２は，地震の発生した地下の深い場所からの距離とP波，S波が届くまでの時間との関係をグラフに表したものである。これについて，次の問いに答えなさい。

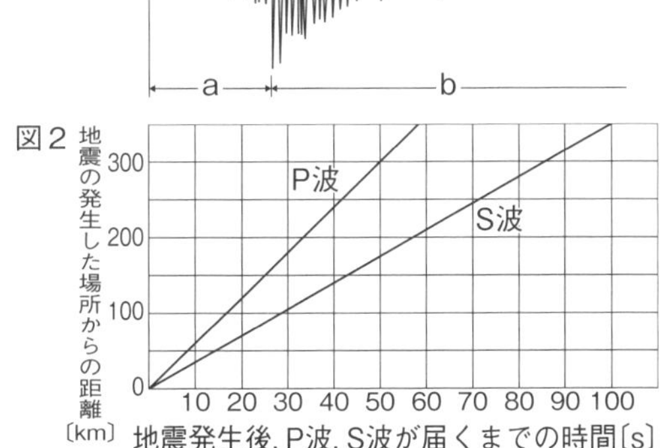

①地震の原因となる岩石の破壊がはじまった点のことを何というか。
②①の真上の地表の点を何とよぶか。
③図１のａ，ｂの揺れをそれぞれ何というか。
④図２から，この地震のＳ波の速さは何km/sか。
⑤図１の地点では，ａの揺れが10秒続いた。震源から何km離れていたか。
⑥震源から近い地点のほうが揺れが大きかった。各地点での地面の揺れの程度を何というか。
⑦地震の規模を表すための尺度を何というか。
⑧海底で地震が起こると，しばらくして海岸に大きな波が来ることがある。これを何というか。

解答 ①震源　②震央
③ａ：初期微動　ｂ：主要動
④3.5km/s　⑤84km
⑥震度　⑦マグニチュード
⑧津波

考え方 ④図２から，350km÷100s＝3.5km/s
⑤P波の速さは，300km÷50s＝6km/s
震源から$y$km離れた図１の地点にＰ波が届くまでの時間は$\frac{y}{6\mathrm{s}}$，Ｓ波が届くまでの時間は$\frac{y}{3.5\mathrm{s}}$，ａの揺れが続いた時間は $\frac{y}{3.5}-\frac{y}{6}=10\mathrm{s}$　である。
これを解くと，$y=84\mathrm{km}$　となる。

5 地層のでき方と地形

図を見て，次の問いに答えなさい。

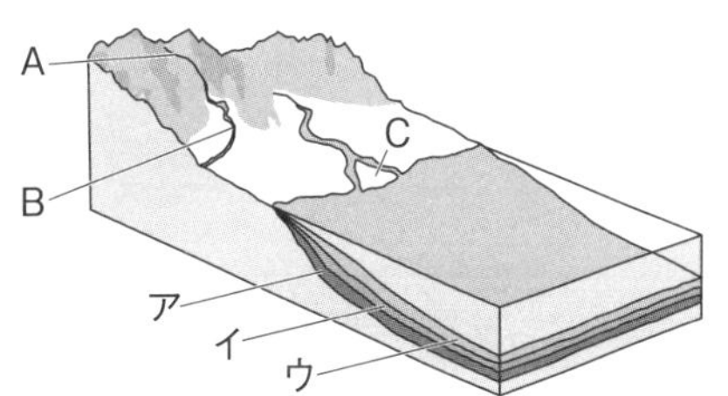

単元4

①陸では，風や流水などによって岩石が削られる。このような風や流水のはたらきを何というか。
②削られた土砂は流水によって運ばれる。このような流水のはたらきを何というか。
③海底に運ばれたれき，砂，泥は，それぞれア～ウのどこに堆積するか。
④Aは川に削られた深い谷である。このような地形を何というか。
⑤Bでは，流れが緩やかになり，上流から運ばれた土砂が堆積し，扇形に広がった地形ができる。この地形を何というか。
⑥Cでは，土砂の堆積によって，三角形の低い土地ができる。この地形を何というか。

解答 ①侵食　②運搬
③れき：ア　砂：イ　泥：ウ
④V字谷　⑤扇状地　⑥三角州

考え方 ③粒の大きいものははやく沈むため，河口近くにはれきや砂が堆積する。泥などの細かい粒のものは，潮の流れや波にのって沖合に運ばれて堆積する。

6 地層の変形

図は，ある地点の地層のようすを示したものである。A，Bの図中の矢印は，地層が動いた方向を示している。次の問いに答えなさい。

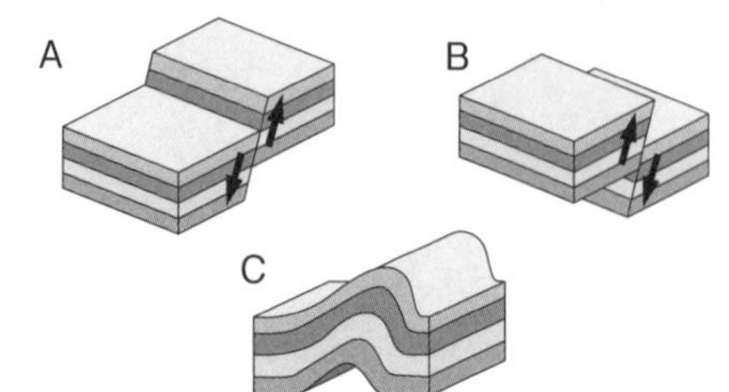

①A，Bのような地層のくいちがいを何というか。
②Cのような地層が押し曲げられたものを何というか。
③A～Cにはたらく力は，それぞれ横から押す力，横に引っ張る力のどちらか。

解答 ①断層　②しゅう曲
③横から押す力：B，C
横に引っ張る力：A

考え方 海底や湖底でつくられた地層は，ふつう水平に堆積するが，大地の変動にともなう力を受けて，変形することがある。

7 堆積岩と化石

図1は，安山岩，石灰岩，れき岩，砂岩を観察したときのスケッチで，図2は，化石である。これについて，次の問いに答えなさい。

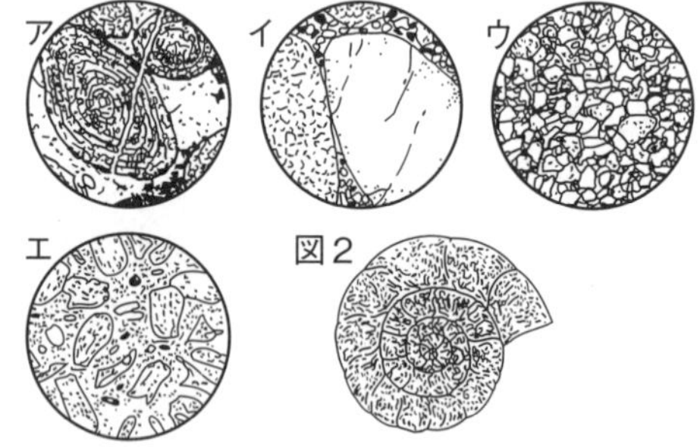

①図1のア～エのうち，安山岩はどれか。また，そう考えた理由を答えなさい。
②安山岩以外の3つの岩石をまとめて何というか。
③図1のア～エのうち，うすい塩酸をかけると泡が出るものはどれか。また，何と

いう岩石か。
④れき岩と砂岩は，何によって区別されるか。
⑤図２は，何という生物の化石か。
⑥図２の化石の生物や恐竜が栄えた時代を何というか。
⑦地層の年代を示す化石を何というか。また，地層が堆積した当時の環境を示す化石を何というか。

解答 ①エ，大きな鉱物が粒のよく見えない部分に散らばって見えるから。
②堆積岩
③ア，石灰岩　④粒の大きさ
⑤アンモナイト　⑥中生代
⑦地層の年代：示準化石
当時の環境：示相化石

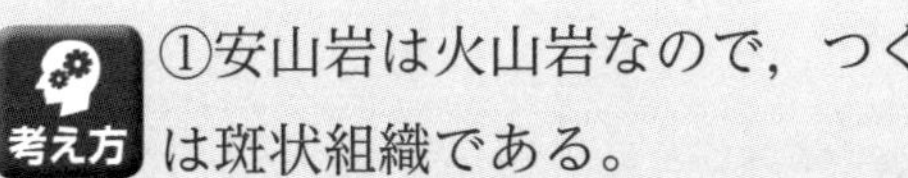
考え方 ①安山岩は火山岩なので，つくりは斑状組織である。
③石灰岩の成分は炭酸カルシウムで，うすい塩酸をかけると二酸化炭素の泡が発生する。アは化石があることから，生物の死がいからできた石灰岩と考えられる。

8 大地の変動
図は，日本の東北地方の断面を模式的に示したものである。これについて，次の問いに答えなさい。

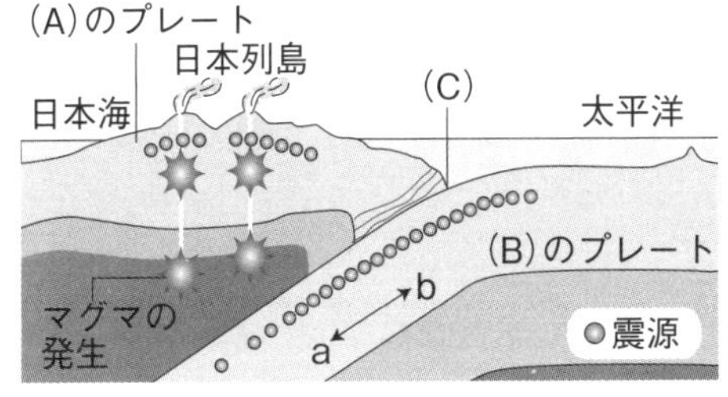

①(A)~(C)にあてはまることばを書きなさい。
②Bのプレートは，a，bのどちらに動いているか。
③地下でできたマグマが地表まで移動する経路を矢印で書きなさい。
④日本付近に地震や火山が多い理由を「プレート」ということばを使って書きなさい。

解答 ①A：陸　B：海　C：海溝
②a
③

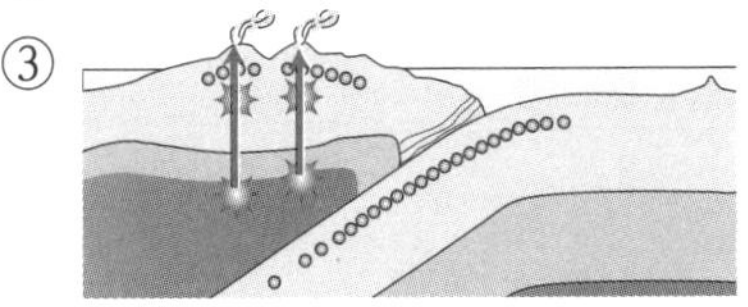

④日本列島のような海のプレートが陸のプレートの下に沈みこむ場所では，プレートどうしの境界で地震が起こる。火山の噴火も海のプレートが沈みこんでいる場所で起こる。

考え方 ①海溝はプレートの境界にできる海底の溝状にへこんだ地形である。北海道，東北地方の太平洋側などに見られる。
②海のプレートは陸のプレートの下に沈みこむように動いていく。
③海のプレートが陸のプレートの下に沈みこむところでは，海溝に沿って陸側におよそ200~300kmほど入った部分に火山の列ができる。このあたりは，岩石がとける温度を下げる成分が放出され，陸のプレートの下につけ加わり，マグマがつくられやすくなっている。

単元4

読解力問題

① 火成岩と地層

解答
①ａ：火山岩　ｂ：深成岩
②マグマが地下でゆっくりと冷え固まってできたから。

考え方 ①ａは，大きな鉱物の結晶(斑晶)が，粒のよく見えない部分(石基)に散らばっていることから，火山岩だとわかる。
ｂは，同じくらいの大きさの鉱物がきっちりと組み合わさっていることから，深成岩だとわかる。
②結晶が大きく成長した等粒状組織ができるのは，マグマがゆっくりと冷やされたからである。地表あるいは地表付近で急に冷やされると，ａのようなつくりの斑状組織になる。

② 火成岩と地層

解答
①イ
②地層は広い範囲に広がっている。
③地震

考え方 ①海の堆積物があることから，海底で堆積した地層だと推測できる。
③地層に大きな力がはたらき押されたり引っ張られたりすると，岩石がひずみに耐えきれなくなって破壊され，地層が切れてずれることがある。このずれが断層で，このとき地震が発生する。

③ 示相化石と大地の変動

解答
①エ
②隆起が起こった。

考え方 ①サンゴは，ごく浅いあたたかい海に生息している生物である。サンゴのように，地層が堆積した当時の環境を推測できる化石を，示相化石という。
②波によってけずられた海岸近くの平らな部分が，隆起によって海面の下から地上に出ると，段丘面ができる。これがくり返されて，階段状の地形である海岸段丘ができる。

テスト対策問題 解答

単元1 生物の世界

p.14 1章 身近な生物の観察

1 (1)目的とするものだけ
(2)スケッチによる記録
(3)目 (4)見たいもの (5)太陽や強い光

2 (1)㋐接眼レンズ ㋑視度調節リング
㋒鏡筒 ㋓調節ねじ ㋔対物レンズ
(2)ウ→ア→イ
(3)立体的に見ることができる。 (4)黒

3 ①サル ②クワガタ ③シイタケ
④イルカ ⑤コンブ(①，②は順不同)

解説

1 (3)動かせないものをルーペで観察するときは，ルーペを目に近づけたまま，顔を前後に動かして，よく見える位置をさがす。

2 (4)双眼実体顕微鏡で白っぽいものを観察するときは黒のステージ，色が濃いものや黒っぽいものを観察するときは白のステージを使うと，観察がしやすい。

3 まず生き物を，「動くもの」と「動かないもの」に分類する。次に，「動くもの」と「動かないもの」の中で，それぞれ生息している環境が陸上か水中か，という基準でさらに分類する。

p.29 2章 植物のなかま

1 (1)ア…柱頭 イ…めしべ ウ…やく
エ…おしべ オ…花弁 カ…がく
キ…子房 ク…胚珠
(2)果実 (3)種子 (4)ウ…B ク…A
(5)図1…被子植物 図2…裸子植物

2 (1)A…ウ B…エ
(2)①サクラ ②バラ ③ユリ

解説

1 (4)マツの胚珠は雌花のりん片(A)についている。マツの花粉は雄花のりん片についている花粉のうにある。
(5)マツのように，胚珠がむき出しになっている植物を裸子植物という。

2 (2)①サクラだけが離弁花で，ほかは合弁花である。②バラだけが双子葉類で，ほかは単子葉類である。③ユリだけが種子植物で，ほかはシダ植物である。

p.41 3章 動物のなかま

1 (1)背骨 (2)E
(3)B…両生類 D…鳥類 E…哺乳類
(4)イ

2 (1)A…ア B…ウ
(2)B (3)肉食動物

3 (1)節足動物 (2)B (3)気門
(4)脱皮

解説

1 (3)水中に卵を産み，湿った皮ふをもつBは両生類，陸上に卵を産み，うろこをもつCはは虫類，羽毛をもつDは鳥類である。

2 (1)草食動物の目は側方に向き，広い範囲を見張るのに役立つ(後方まで見ることができる)。肉食動物の目は前方に向き，前方の広い範囲が立体的に見えるため，他の動物との距離をはかりながら追いかけるのに役立つ。

3 (3)昆虫は，胸部(B)や腹部(C)にある気門から空気をとり入れて呼吸する。

単元2 物質のすがた

p.63 1章 いろいろな物質

1 (1)茶色くなって甘いにおいがした後，燃え始める。
(2)白くにごる。 (3)二酸化炭素
(4)鉄片は燃えず，石灰水にも変化がない。
(5)有機物 (6)無機物 (7)(5)

2 (1)㋐ (2)㋐，㋒

(3)㋐，㋑，㋒　(4)㋐，㋒

3 (1)液体A　(2)液体A

解説

1 (7)プラスチックは有機物であり，燃えると二酸化炭素を発生する。

2 (1)磁石につくことは，金属に共通した性質ではない。

(4)鉛筆の芯は，表面が黒く光っていて，電流も流れるが，たたくと折れてしまうので金属ではない。

3 (1)はかりとった質量は同じだから，体積が小さい方が1 cm^3当たりの質量は大きくなる。

(2)密度とは，1 cm^3当たりの質量のことである。

p.71 2章　気体の発生と性質

1 (1)ア…二酸化炭素　イ…アンモニア
ウ…水素　エ…酸素　オ…二酸化炭素
カ…水素　キ…酸素
(2)酸素　(3)二酸化炭素
(4)アンモニア　(5)水素
(6)アンモニア　(7)アンモニア，水素
(8)ない。　(9)二酸化炭素，水素，酸素
(10)水素　(11)二酸化炭素

解説

1 (2)ものを燃やすはたらき(助燃性)がある気体は酸素である。

(4)アンモニアは刺激臭があるため，少量でも発生すればすぐ気づく。

(5)水素は，空気中で火をつけると爆発的に燃えて，水滴ができる。

(6)アンモニアは水によく溶けて，水溶液はアルカリ性を示す。

(8)色のついた気体には，黄緑色の塩素などがあるが，ア～キの方法では発生しない。

(9)(11)二酸化炭素は水に少し溶けるが，水上置換法でも集めることができる。

p.83 3章　物質の状態変化

1 (1)水蒸気
(2)ポリエチレンの袋の中の水蒸気(気体)が水(液体)に変わったから。

2 (1)A…気体　B…固体　C…液体
(2)㋐×　㋑○　㋒○　㋓×　㋔○　㋕×
(3)A　(4)二酸化炭素(ドライアイス)

3 (1)沸点　(2)水　(3)混合物　(4)融点

解説

1 (1)液体の水を加熱すると，気体の水蒸気に状態変化する。

2 (3)液体のときより気体のときのほうが，非常に体積は大きくなる。

(4)ドライアイスは固体の二酸化炭素である。普通の空気中では，ドライアイスは液体にならず直接気体の二酸化炭素になるため，冷やしたいものをぬらすことがない。

3 (1)㋐のグラフの水平になっている部分では，液体が沸騰して，気体に状態変化している。この温度を沸点という。

(3)混合物の液体は，加熱しても決まった沸点を示さない。

p.93 4章　水溶液

1 (1)溶質　(2)溶媒　(3)120g

2 (1)①食塩　②食塩　③ミョウバン
(2)ウ　(3)再結晶

3 (1)C　(2)36g　(3)95g
(4)濃い塩酸10gを水350gに加える。

解説

2 (1)食塩とミョウバンの溶解度曲線から，50℃近くまでは食塩の方が多く溶けるが，それより高い温度ではミョウバンの方が多く溶けることがわかる。

(2)60℃の水50gにミョウバンが15g溶けているので，水100gにミョウバンが30g溶けている水溶液に置きかえて考える。

3 (1)A～Cの砂糖水の濃度を求めて比べてみる。

$$A：\frac{20g}{80g+20g}\times100=20$$

$$B：\frac{25g}{75g+25g}\times100=25$$

$$C：\frac{13g}{37g+13g}\times100=26$$

(2)$200g\times\frac{18}{100}=36g$

(3)5gの食塩で5%の食塩水をxgつくるとすると,

$x\times\frac{5}{100}=5$　　$x=100$

よって，加える水の質量は,
100g−5g=95g

(4)1%のうすい塩酸360gに含まれる塩化水素は3.6gである。求める濃い塩酸の質量をy gとすると,

$y\text{g}\times\frac{36}{100}=3.6\text{g}$　　$y=10$

よって，加える水の質量は,
360g−10g=350g

単元3　身近な物理現象

p.115 1章　光の性質

1 (1)a…入射角　b…反射角
(2)40°　(3)反射の法則

2 (1)ア　(2)イ

3 (1)b　(2)図1…ア　図2…カ

4 (1)物体より小さい実像
(2)物体より大きい実像
(3)物体より大きい虚像

解説

1 (2)入射角と反射角は等しい。

2 (1)(2)水中の硬貨から出た光は，水面で入射角<屈折角となるように進むが，光が屈折光の延長線上から直進してきたように見えるため，硬貨は浮き上がって見える。

3 (2)光が空気から水に進むときは，入射角>屈折角となる。また，光が水から空気中に出るときは，入射角<屈折角となる。

4 (1)物体が凸レンズの焦点距離の2倍以上離れているときは，物体より小さい実像ができる。
(2)物体が凸レンズの焦点と焦点距離の2倍の位置の間にあるときは，物体より大きい実像ができる。
(3)物体が凸レンズの焦点よりも近くにあるときは，凸レンズを通して物体より大きい虚像が見える。
なお，物体が凸レンズの焦点距離の2倍の位置にあるときは，物体と同じ大きさの実像ができる。物体が凸レンズの焦点の位置にあるときは，像はできない。

p.123 2章　音の性質

1 ○をつけるもの…(1),(3),(4)

2 (1)QQ′　(2)ア　(3)低くなる。
(4)振動数が小さくなったから。

3 (1)340m/s　(2)340m　(3)1500m/s

解説

1 音の大きさは振幅によって決まる。振幅が大きいほど，音は大きくなる。
音の高さは振動数によって決まる。振動数が大きいほど，音は高くなる。

2 (1)(2)QQ′に鉛筆を置いた方が振動する輪ゴムの長さが短くなる。輪ゴムが短いほど，振動数が大きくなり，高い音が出る。
(3)(4)輪ゴムが太いほど，振動数が小さくなり，低い音が出る。

3 音は校舎や海底に反射してもどってくるため，音が伝わった距離は校舎や海底までの2倍の距離となる。

(1)$\frac{510m\times2}{3s}=340m/s$

(2)$\frac{340m/s\times2s}{2}=340m$

(3)$\frac{3000m\times2}{4s}=1500m/s$

p.135 3章　力のはたらき

1 ①ウ　②ア　③イ　④ウ

2 (1)フックの法則　(2)3N，9cm

3 (1)力の大きさ　(2)力の向き
(3)作用点

4 (1)一直線上になっている。　(2)2.0N

5 (1)ウ　(2)3N

解説

2 (2)分銅の質量が3倍になれば，ばねの伸びも3倍になる。

4 1つの物体に2つの力がはたらいて静止しているとき，2つの力はつり合っている。このとき，2つの力は一直線上にあり，力の向きは反対で，力の大きさは等しい。

5 (1)つり合う2つの力は，1つの物体にはたらく力のことで，この場合は糸にはたらく2つの力である。したがって，おもりが糸を引く力とつり合う力は，天井が糸を引く力である。
(2)つり合う2つの力の大きさは等しいので，天井が糸を引く力の大きさは3Nになる。

単元4　大地の変化

p.154 1章　火山

1 (1)水蒸気　(2)マグマ
(3)火山弾，火山れき，軽石，火山灰などから2つ。　(4)A　(5)B　(6)A

2 (1)マグマ　(2)ア…斑晶　イ…石基
(3)斑状組織　(4)等粒状組織　(5)ウ
(6)A…火山岩　B…深成岩

3 (1)石英，長石　(2)有色鉱物
(3)A…花崗岩　B…安山岩

解説

1 (4)マグマのねばりけが弱いと，溶岩はうすく広がって流れ，傾斜の緩やかなAの形になる。マグマのねばりけが強いと，流れにくいために盛り上がって，おわんをふせたようなBの形になる。マグマのねばりけが中間だと，傾斜のきついCの円錐形になる。

2 (5)固まる物質の成分のちがいは，岩石の色のちがいに関係する。

3 白っぽい鉱物を無色鉱物(白色鉱物)，黒っぽい鉱物を有色鉱物という。白っぽい火成岩は無色鉱物を多く含み，黒っぽい火成岩は有色鉱物を多く含む。

p.162 2章　地震

1 ①震源　②震央　③初期微動　④主要動
⑤P波　⑥S波　⑦震度
⑧マグニチュード

2 (1)初期微動　(2)主要動
(3)A…P波　B…S波
(4)初期微動継続時間　(5)ウ　(6)ウ

3 ○をつけるもの…(1)，(3)，(5)

解説

2 (6)初期微動の始まった時刻を結んだ直線，主要動の始まった時刻を結んだ直線と横軸の交点が，地震の発生した時刻である。

p.173 3章　地層
4章　大地の変動

1 (1)㋐れき　㋑砂　㋒泥　(2)柱状図
(3)下の層　(4)D　(5)凝灰岩

2 (1)E　(2)ウ　(3)示相化石

3 (1)プレート　(2)海嶺　(3)a　(4)ア

解説

1 (1)粒の大きいものほどはやく沈む。河口の近くにはれきや砂，沖合には泥が堆積する。
(2)(4)地層の重なり方を示す図を柱状図という。火山灰の層などは，地層の広がりを知るよい手がかりとなるので，鍵層といわれる。

2 (3)地層が堆積した当時の環境を示す化石を示相化石，地層ができた時代を示す化石を示準化石という。

6 5 4 3 2 1
D C B A